U0257129

『大美无言淮扬菜』丛书

品味淮扬

周彤——著

薛泉生——审定

学林出版社

图书在版编目（CIP）数据

品味淮扬 / 周彤著. -- 上海：学林出版社，2024.
（大美无言淮扬菜）. -- ISBN 978-7-5486-2057-0

I. TS972.182.53

中国国家版本馆 CIP 数据核字第 20248G1T14 号

责任编辑　刘　媛　李沁笛
摄　　影　周泽华　王建明
装帧设计　汪　昊
策　　划　吴耀根

"大美无言淮扬菜"丛书
品味淮扬
周彤　著　薛泉生　审定

出　　版　学林出版社
　　　　　　（201101　上海市闵行区号景路159弄C座）
发　　行　上海人民出版社发行中心
印　　刷　上海雅昌艺术印刷有限公司
开　　本　710×1000　1/16
印　　张　18
字　　数　230千
版　　次　2025年4月第1版
印　　次　2025年4月第1次印刷
ISBN 978-7-5486-2057-0/G·788
定　　价　98.00元

目　录

CONTENTS

在拉开解读淮扬菜的序幕之前，我们有必要首先厘清一个基本的概念——究竟何为"淮扬菜"？

通常情况下，人们习惯于将"菜系"理解为"地域简称"+"菜"。例如"鲁菜"就是山东地区的菜肴，同理，"淮扬菜"似乎应特指淮安和扬州两地的菜肴……

这种"看图说话"式的解读看起来好像是"顺理成章"的，但从美食文化的学术角度来看，这样理解显然过于简单化了。事实上，"菜系"是依据菜肴的风格来进行分类的。以"鲁菜"为例，它并不仅是简单的山东菜，更是"鲁文化"孕育出来的一种中式菜肴风格。同理，"淮扬菜"是"淮扬文化"孕育出来的一种中式菜肴风格。风格特色上的差异，才是菜系彼此之间区别开来的最重要的标志。

『大美无言淮扬菜』丛书总序——

兼谈什么叫做『淮扬菜』

"菜系地域化"的观念最初源于普通人的直观感受，但随着时间推移，这一误解因种种关系而逐渐形成了某种社会共识。这不仅引发了关于地方美食文化归属的争议。还为学术研究中的历史溯源制造了障碍。菜系的努力挖掘和寻找历史依据导致了所谓的"文化造假"现象频发。然而抛开这些表面的纷争，真正需要我们关注的核心问题是：如何准确界定"淮扬菜"的内涵？

　　为什么我们在谈"什么叫做"淮扬菜"之前，要首先强调这个概念的准确内涵呢？因为这是个表象与实质的根本性问题，**本丛书所要探讨的是"淮扬菜"本身的魅力，而不是纠缠于哪些菜肴可以归入"淮扬菜"的范畴。**

　　事实上，"菜系"这一概念，是新中国成立后，由时任贸易部副部长的姚依林在向外国友人介绍中华美食时首次提出的。他所定义的"鲁扬川粤"四大菜系，代表了中国烹饪技术中最成熟的四个流派。"鲁"是礼制菜、"扬"是文人菜、"川"是百姓菜、而"粤"是商人菜。

　　而"淮扬菜"虽然早在清朝中叶就已经定型并对外产生了辐射影响，但这个名字却并非古已有之，"淮扬菜"这一名称直到民国初期才开始流行。所以，"淮扬菜"和"淮扬菜系"都只不过是后人总结出来的表述方式。如果把"淮扬菜"比作一个人，那么它早已降生，并且直至长到青年时期以后，才有了这么一个正式的名字。

　　那么，"淮扬菜"这一本来没有名字的菜系，在命名之初，应该就已经具备了轮廓清晰的内涵和外延，且具备了独树一帜的味觉艺术风格。然而我们从来没有从美食文化的学术角度对其进行系统地总结与提炼。

　　既然淮扬菜是中华美食领域中的一种味觉艺术风格，那么下一个问题，就是"淮扬菜"的风格到底怎样表述。简而言之，符合什么样的味觉艺术特征的菜式，才可以被称为"淮扬菜"呢？

　　笔者认为，界定一道菜是否属于"淮扬菜"，最根本的辨别方法应

摄影 周泽华

该在于考察该道菜肴设计的"初心"是否具有淮扬菜的烹饪审美理念，而不是去"考证"这道菜最早在什么地方诞生。

这类似于书法里的"颜体"一样，它的首创者是颜真卿，但看一幅书法是不是"颜体"，不是去考证书写者本人到底是不是姓颜，而是应该去看这幅字是否遵循了"颜体"的艺术规律。

俗话说"画虎画皮难画骨"。**"淮扬菜"的"内在风骨"，就是蕴藏在每道菜深处的那个看不见摸不着的烹饪美学原则，可以形象地比喻为"淮扬菜的精髓"。**

淮扬菜的设计原则复杂多样，但其中最为重要的有三点，笔者将它总结表述为——"平中出奇""淡中显味""怪中见雅"。

"平中出奇"

这是指菜肴本身的主辅原料，最好取自日常生活中常见的食材，如青菜豆腐、鸡鸭鱼肉，这是其"平"。但"平"本身不是目的，淮扬菜的最终目的是要求成菜能够"出奇"，如果"平"中不能出"奇"，那就失去了所有的意义。因为所有的艺术形态，最佳艺术效果都是"于无声处听惊雷"。

于是，淮扬菜把最普通的青菜做成了"翡翠烧卖"，把最常见的豆腐做成了"文思豆腐"，将常被忽视的猪头肉变为"三头宴"的头道大菜。类似的例子不胜枚举，如"冬冬青""烧笙箫""汤大玉""龙戏珠""大煮干丝""文思豆腐""鱼皮锅贴""将军过桥"等等。

"淡中显味"

这是指菜肴的调味，以突出自然本味为上。这里的"淡"，指的是"清淡"。何为"清淡"，现在很多人可能理解错了，"清淡"不是指索然无味的"寡淡"。所谓"清"者，不施粉黛、铅华洗尽、质朴无华也；而"淡"者，阅尽沧桑、余韵不绝、回味隽永也。"淡中显味"本身就是一道哲学难题，"淡"指的是视觉观感，而"显味"才是真正的目的。要实现这一点，就需要用到"君臣佐使""暗香赋味""正合奇胜""聚物夭美"等具体手法。

举例说明，在淮扬菜中，"炝虎尾"和"炒软兜"这样的黄鳝菜，黄鳝需要在鸡汤里浸过；所有的清炒时蔬，往往需要用到笋油、蕈油、蟹油等经过单独预处理的复合调味油；而"文思豆腐""清汤鱼圆""清汤捶虾"这样的清汤类菜式，更是需要经过复杂的清汤吊制，才能使成菜达到"视之清隽优雅，食之回味绵长"的境界。

"怪中见雅"

这是指菜肴的造型，最好以出人意料为上。在淮扬菜看来，菜肴是人对天然食材的二次艺术加工，就像园林里的亭台楼阁一样，虽然是人工堆砌出来的，但最好达到"虽由人作、宛自天开"的效果。每种食材都有着其天然的造型，但淮扬菜往往在天然造型上再加以创新，使它看起来不可思议，这是其"怪"。但仔细品尝下来，它又是完全合乎情理的，这是其"雅"。例如，刀鱼素以多刺而著称，而淮扬菜里的"双

皮刀鱼"却是完全去净细刺而看不见刀口的;再如"三套鸭",看起来好像是一只鸭子长了三个脑袋;"八宝葫芦鸭",看起来像是一只长成了葫芦状的鸭子;"扒烧整猪头",看起来像是一个笑脸猪八戒,这些菜式也都是本着"怪中见雅"的设计理念制作出来的。

　　当然,上述三点只是淮扬菜味觉艺术特征中最为重要和显著的部分,但这种粗线条的总结显然不能涵盖淮扬菜味觉艺术特征的全部。事实上,关于菜肴设计、选材搭配、烹饪调味、火候控制、装盘盛器等每一个具体的美食环节,淮扬菜都积累了一整套行之有效的实操经验。仅以烹饪工艺中的火候为例,淮扬菜的理论体系中,就有"革故鼎新""摧刚为柔""击其半渡""万取一收""无过不及"等理论。

　　"形而上"的烹饪理论与"形而下"的具体烹饪工艺是相辅相成的,而比有形的文字记录更为丰满的,是一代又一代淮扬菜手艺人无形的思维习惯和经验总结。这些"规矩"以前往往作为师徒相授时心照不宣的默契存在，并不断被践行。

古往今来，厨师这个群体的知识水平和表达能力往往是有限的，加之长期以来的"非师门，不外传"的传统思想禁锢，所以淮扬菜的这一整套烹饪理论，虽然两百多年来一直在不断践行中，却一直没有得到系统地整理和表达。这也就是淮扬菜虽有其"大美"，但一直"无言"的根本原因所在。

需要说明的是，这一整套理论，大多是笔者在多年观察和实践的基础上总结出来的。这些理论并非空穴来风，因为它们表达了老师傅们长久以来的心声，而笔者只是一个总结者和表述者而已。从另一个角度来看，这种总结也仅仅只是一个开始，因为这种表述是否准确，是否还有更为准确的表达方式，都有待进一步推敲。

佛家认为，任何生命的诞生都是因为某种"机缘巧合"，缘聚则生，缘尽则散。淮扬菜的这种味觉艺术风格，也是因为各种各样的因缘，在特定的自然条件与历史条件下有机聚合的结果。

站在今天的"上帝视角"来看，淮扬菜的成形可以简述为：清康乾盛世期间，特定的政治、经济、文化和社会等因素，催生了"淮扬菜"这种独树一帜的味觉艺术风格。

清政府通过野蛮的方式来夺取政权，而康熙六下江南的主要目的之一，就是收服江南人心。在他执政的六十一年时间里，清政府出台了一系列的民族和解政策，而这一系列政策需要营造一种文化昌盛的氛围。从而给当时的江南带来了深刻的变化。

在对异见人士的"文字狱"高压打击下，"莫谈国事"的各种"小学"和"闲学"成了当时的一种"政治正确"，并在无形中凝聚成了一种社会风潮。为了迎合这种政治需要，"南巡"沿线的政界、商界都在主动地放大这种"政治正确"。而文化的繁荣又离不开文人，于是当时的许多"非主流文人"在政治、经济等方面的"刚需"下，纷纷找到了新的用武之地。这些文人群体和文化环境就构成了"淮扬文人菜"的文化土壤。

康熙十年，李渔的《闲情偶寄》出版并成为红极一时的畅销书。李渔是明末清初的文坛大咖，他的主要贡献是戏剧理论，后世评价他为"中国戏剧理论始祖"，然而"卖赋为生"的文人不仅在戏剧界成就卓越，还涉足小说、绘画、园林等诸多艺术领域。《闲情偶寄》是晚年李渔的艺术理论总结。在这本著作里，李渔首次将"生活艺术"作为一个总体概念提出。在他看来，"生活艺术"可以细分为戏曲、歌舞、服饰、修容、园林、建筑、花卉、器玩、颐养、饮食八个部分，尽管这八个部分各有不同，

摄影 周泽华

但它们共同的审美理念却是互相渗透、互相影响的,那就是"道法自然、天人合一"。

要知道，在清初那个年代，中国的社会还是存在着相当严重的"职业种姓"论。像戏子、厨子、泥瓦匠这样的人,是社会地位低下的"下人"，而他们所从事的职业，当然是被主流文化所鄙视的。但李渔打破了这个

"职业种姓"壁垒。在《闲情偶寄》问世之前,中国的美食典籍大多是"就菜肴谈烹饪",而李渔首次把饮食与生活艺术紧密联系在一起,并将"审美先行"置于首位,这是具有划时代意义的。他在书中的美食理论,即"重蔬食,崇俭约,尚真味,主清淡,忌油腻,讲洁美,慎杀生,求食益",也构成了后来淮扬菜理论体系的第一个结晶核。

历经康、雍两朝之后,江南一带的经济得到了较大的发展。但好大喜功的乾隆却把粉饰太平的文章做到了极致。与康熙下江南所不同的是,乾隆下江南更热衷于展示各种"文化形象工程"。正是在这样的大背景下,淮扬菜才开始迅速聚拢成型。

乾隆年间,淮扬菜有两部巨著诞生。其一是《调鼎集》,这本书记载了当时风行于扬州的各种菜肴的菜谱,其中荤素菜肴二千多种,面点主食二百多种,调味品一百四十余种,干鲜果三百三十余种。这是中华美食史上的"清代菜谱大全"。从烹饪工艺的角度来看,可以明确地断定这是早期的淮扬菜,因为后来的许多淮扬经典名菜只是在它的基础上进行了更深入的推敲和完善,但这本书的烹饪理论较为零散,不成体系。其二是《随园食单》,其开篇的"须知单"和"戒单"是纯理论高度的烹饪审美理念和菜肴设计理念的总结。在中华美食史上,《随园食单》是首次把系统的烹饪理论放在首位的典籍,今天这本书被誉为"中华美食圣经"。

《随园食单》的后半部分,记录了作者袁枚的美食见闻及简要菜谱。分析这些记录,我们可以看出,袁枚所欣赏的这些菜式主要聚集在盐商和政要的家中,从地域上来看,这些菜肴主要集中在扬州,但也包括苏州、南京等地的上流阶层美食。结合江南各地的杂记散文等古籍综合来看,当时还没有名字的这种中式菜肴风格,在皇帝"南巡"沿线各地的上流阶层中,都曾一度备受追捧。

打个比方说,当时还没有正式名字的"淮扬菜",在那会儿是一个合唱团,这个合唱团唱的是同一个调调,只不过其中的领唱或者主唱是扬州。这就是民国初年，这种风格被定名为"淮扬菜"（而不是"扬州菜"）的主要原因，因为文化概念上的"淮扬"，要比地域概念上的"扬州"准确得多。

丛书"大美无言淮扬菜"是三部曲，具体分为《品味淮扬》《鼎鼐春秋》《知味近道》三种。

《品味淮扬》，全息讲解淮扬经典名菜。 经典名菜凝聚了前人的智慧和经验，而经典菜中的每一个操作步骤的原理和潜台词，实际上都是菜谱所难以承载的。这就需要对菜谱进行全息剖析，才能深入了解每一个平凡步骤背后的深文奥义，进而才有可能在实践中举一反三。

《鼎鼐春秋》，溯源淮扬菜的 DNA 密码。 淮扬菜的风格特色，就是淮扬菜的 DNA。我们不仅要将其表述清楚，还要回溯到它在胚胎

摄影 周泽华

孕育成形的历史阶段，进而通过它的 DNA 链条，分析出当初孕育出这个胚胎的"阳元素"和"阴元素"各是什么。

《知味近道》，总结淮扬菜的理论体系。虽然淮扬菜的理论体系一直存在，但事实上，这一套经验体系缺乏理论高度的系统化总结。该书将从菜肴设计、选材辨材、味觉色彩、火候控制、装盘美化和审美理念等角度，系统地将它总结出来。

上述三部曲均为美食文化理论界的首发，笔者虽力求工稳，但囿于学力和阅历所限，难免会有缺漏之处。敬请各位方家不吝指正。

周彤

2023 年 5 月于上海

我是淮扬红案薛泉生，师承现代淮扬菜泰斗丁万谷。2014 年 5 月，我荣获中国烹饪协会"中国烹饪大师终身成就奖"。在淮扬菜这一行里，我已经从业近六十年了。

周彤是我诸多徒弟中比较独特的一位。起初我们相识时，他还是扬州电视台的一位新闻记者，而他大学时居然学的是物理。按我们这一行的规矩，没有一定淮扬菜从业经验的人，一般是不收为徒的。但他是个例外，这个从没干过一天淮扬菜厨师的电视记者，居然对淮扬菜的历史渊源和烹饪技法相当内行。2003 年起，周彤在上海东方卫视担任美食专栏"菜里乾坤"主持人，在主持这个日播节目长达四年多的时间里，他走访了鲁、扬、川、粤、浙、闽、徽、湘等全国各大门派。

从那时起，他就多次跟我提过，想写一本关于淮扬菜的书，这个愿望直到今天才终于实现。

在当今利益至上的环境中，市面上有许多自我标榜"正宗淮扬菜"的餐馆，但顾客品尝后，却往往会觉得"不过如此"、"徒有虚名"。而我们业内人士常常对此担忧却又无可奈何。

外行可能不太了解我们这个行业，淮扬菜的很多精髓，远非照搬菜谱所能掌握。每道菜从取料，到搭配，再到火候、调味、装盘，每一步都蕴含着许多变化细节的。

比如狮子头这道菜，看起来取料就是猪的五花肉。可是每块肉的肥瘦比都不同，肉的老嫩程度也有差别，这道菜在不同季节所用到的辅料也不同，而这些不同都与后续的具体操作步骤有关。例如肉质粗老的五花肉肉粒应切得更细。在厨房，师傅会让徒弟先感受这块肉的质地，随后再切出来给徒弟看——这种质地的肉切这么大就刚好。时间长了，徒弟就学会体悟这种规律了。然而，这些细节落到文字上写成具体的菜谱，就不知从哪讲起了。所以鲜为人知的一点是，菜谱上写下来的，往往是最保险的做法，但未必是最佳的做法。

目前，大家所普遍认知的淮扬菜，往往存在着"有其形而无其神"的现象。从技艺传承这个角度来看，有两大主要原因，其一是我们被"非本门不外传"的老观念束缚住了，不愿把淮扬菜的真经传给外人；其二是厨师队伍的文字表达能力往往相对有限，导致茶壶里的饺子倒不出来。

周彤的这本书，从每道菜肴设计理念的"初心"出发，结合厨房实操的角度，遵循"以何为美"、"如何才美"、"怎样更美"的逻辑，一步步地剖析了每道淮扬经典菜"花儿为什么这样红"。这是一个巧妙的立意角度，这样就把菜谱上死板的淮扬经典菜给讲活了。

为了把淮扬经典菜真实地展现出来，薛家班组织门下弟子，举办过多次技艺研讨会，复原了许多市面上很难见到的淮扬经典菜，促进

薛泉生审阅书稿

了不同流派间的技艺交流，为本书提供了充分的图片和实践经验的资料来源。

这本书全文是周彤执笔撰写的。定稿之初，周彤曾一度坚持将我列为本书的第一作者，但在阅读完看完全书文稿后，我还是选择了婉拒。尽管书中写到的每一道淮扬经典菜，我们都曾多次探讨研究过。但把这些内容组织成文字，尤其是上升到理论层面的总结，显然不是我的专长。

最后，我同意以"审定"的名义署名。因为，这样的署名，既是对淮扬菜传承体系的一种渊源认定，也是我本人对徒弟周彤的理论总结的一种认可。

薛泉生

2024 年 8 月于扬州

摄影 周泽华

《品味淮扬》是"大美无言淮扬菜"三部曲的第一部。本册旨在以审美品鉴和烹饪技艺的双重视角，全息讲解淮扬经典名菜每道菜背后的文化渊源。

为什么要把解析经典菜列于三部曲之首，有下列三个原因：

一、正本清源

对于淮扬经典菜，看起来好像很多人都耳熟能详，但以笔者多年的业内阅历所见，市面上的"淮扬经典菜"，大多是"徒有其形"的。

笔者不想参与"夏虫语冰"式的争吵，只想在此提醒各位看官一句，在纷繁复杂的诸多"杠精"式的吼叫中，有人解释过"为什么"吗？比如——"狮子头"中肥瘦肉的比例是多少？这个问题就有很多个"权威

摄影 周泽华

说法"，但冷静看一看，有人解释过原因吗？如果有的话，这种解释又有何文化根源上的依据呢？

解析每一个烹饪细节中的"为什么"，与"权威"的名气有多大、"咖位"有多牛或者分贝有多高完全无关。这只是美食文化中最基本的学术问题。

本书所展现关于淮扬经典菜的内容，只是笔者所见所闻，当然不可能（也没必要）自证是"最正宗"的。事实上，这些经典菜的具体操作步骤有很多细节都含有诸多种变化，但只要把每一步背后的"为什么"讲清楚了，读者自然就会辩证地去理解经典淮扬菜"门派"是怎么一回事。

二、不忘"初心"

把一道菜做出来并不算太难，难就难在怎样做，才能把普通的"食材"做成"美食"。淮扬菜真正的重点应该是在这里!

这和乐谱上虽然可以标记音乐表情,但永远无法取代音乐家的演奏是一个道理。音乐学院的教学重点不是教学生如何把曲子弹出来,而是帮助学生去分析乐谱背后的作曲背景、曲式结构、和声色彩等无法用乐谱呈现出来的内容。

本书虽然提到了若干烹饪细节,但并非一本烹饪教材。本书的重点,在于分析每道淮扬经典菜如何"止于至善"的那个"初心",它包括"以何为美"、"如何才美、"怎样更美"这三个层面。只有从根本上了解淮扬菜的"初心",才能不纠结于到底哪个做法才是"最正宗的"这样的表面表象。

三、从"头"道来

淮扬菜这张"文化名片"背后,实际上是一项庞大的文化工程,遗憾的是目前关于淮扬菜的理论书籍太少。相关美食文化理论的缺位,才导致了长期以来各种不成熟的,甚至是错误的言论互相叠加。于是争论越多,大众对于淮扬菜的认识就越是雾里看花。

那么怎样才能理清这一堆乱麻呢?这就要回过头来,先把淮扬菜的"基本粒子",也就是构成大家普遍认可的淮扬菜 DNA 链条上的最基本元素确立下来,然后我们才好接下去谈淮扬菜的"分子结构",再接下来才能分析它更为复杂的"生命机理"。

淮扬菜最不可含糊其辞的"基本粒子",是"每道淮扬经典菜原来到底长啥样"?如果有人硬是要把硬梆梆的"肉丸子",也当成入口即化的"狮子头",那么接下来的一切,都成了"鸡同鸭讲"。所以我们必须要讲清楚,今天被大家所普遍认可的那些淮扬经典菜,原本到底是怎么一回事。

解析淮扬经典菜,离不开对正宗淮扬菜传承体系的深入了解。笔者有幸拜入正宗淮扬菜门下,蒙师傅薛泉生及师兄程发银两位大师开示,笔者和师门同侪对每道淮扬经典菜进行了深入细致的研究与探讨,数十年来不敢稍懈。本书素材积累期间，张玉琪、王立喜、陈春松、黄万琪、居长龙、陈苏华等诸位淮扬菜红案前辈，曾就淮扬菜不同门派的烹饪技法之异同多次予以指点，而王镇、施志棠两位前辈对淮扬菜相关文史资料的考据和核实也做出了贡献。在此一并感谢。

各位看官，先把你所了解的关于淮扬经典菜的一切，放在一边，且听笔者一一从头道来。

周彤

2023 年 12 月于上海

第一章

相由心生"拆骨工"

大型食材,须"扒烂脱骨而不失其形"
小型食材,须"手法精细而体若完璧"

一提起淮扬菜，人们往往会联想起精细、优雅、隽永、清淡等形容词，可人们印象中的这些形容词，又是从哪儿总结出来的呢？

　　人们所见到的淮扬美食，只是一个个具体的"相"，而所有这些"相"的背后，是由最终形成这些"相"的那个"初心"决定的，这个"初心"就是菜肴设计理念。这就是所谓的"相由心生"。

　　淮扬菜之所以有着这样鲜明的风格特色，很大程度上依赖于它的三大特色烹饪技法，也就是"拆骨工""缔子工"和"清汤工"，绝大部分的淮扬经典菜，或多或少地在其烹饪过程中有着这三大特色技法的影子。本章结合具体经典菜的品鉴分析，谈谈"拆骨工"。

　　关于"拆骨"这一技法最早的烹饪理论，源自《礼记》，礼记里提到进膳的时候，要"毋啮骨"。"毋啮骨"的原意，是指在吃饭的时候，不宜捧着骨头去啮，这样很不雅观，不符合礼仪所要求的文明形象。

　　而事实上，动物类的食材，客观上往往是带着骨头的，你让人家"毋啮骨"，那是不是说只能吃那些没骨头的部位呢？当然不是，农耕生活是最不能容忍浪费的。所以最好的做法是厨师事先在厨房里拆去骨头，这样，食物上桌以后，大家都可以很"文明"地进食了。

　　"国之大事，在祀与戎"，在古代，祭祀是和战争同等重要的国家大事，而祭祀最重要的是要有诚心。诚心体现在哪儿呢？就是祭品中的食物，要比平时所吃的东西更为精美。"拆骨工"这种烹饪工艺，最早就出现在祭祀时的祭品当中。

　　"拆骨"这一烹饪工艺，并非淮扬菜所独有，但淮扬菜对"拆骨工"的研究最为深入。一般常见的拆骨工，无非就是"拆骨凤爪""拆骨鸡翅""拆骨猪手"这一类的，稍微复杂一点的，就是整禽出骨了。但淮扬菜几乎把所有能拆骨的食材都拆了个遍。早在清朝中期的《调鼎集》中，就记载了"鱼头拆骨""猪头拆骨"这样精细的手法，而后来的"整鱼出骨"乃至更为精细的"刀鱼摸刺"，把"拆骨"这一烹饪工艺推向了极致。

那么淮扬菜为何如此钟情于"拆骨"这种手法呢？这和淮扬菜的烹饪审美理念是分不开的。

淮扬菜被后人总结为"文人菜"，是因为淮扬菜的烹饪审美理念，源自中国古典哲学，尤其是儒家思想。《大学》曰：大学之道，在明明德，在亲民，在"止于至善"。做事先做人，淮扬菜的终极目的，自然也就是"止于至善"。而禽畜类的骨和鱼类的刺，都是令人不爽和不雅的，怎样才能既大快朵颐又无骨刺之虞呢？首先是要去掉食材中的骨刺；其次，最好还不影响食材的外观和造型。

在这一理念的指导下，无数代钻研淮扬菜的前辈不断总结烹饪经验，最终形成了**"拆骨工"的指导原则——大型食材，须"扒烂脱骨而不失其形"，小型食材，须"手法精细而体若完璧"。**"拆骨工"既要在成菜中体现出"处处匠心"，同时又必须在外观上做到"了无匠气"。

那么，"拆骨工"会给食客带来什么样的体验感呢？且以下列几道淮扬经典菜为例，听笔者细细道来。

TIPS

咱们中国人为啥对美食研究得如此深入呢？最早的动机，其实并不是"好吃才是硬道理"，而是出于"礼"的需要。

在儒家看来，国家的治理，关键在于是否遵循"天理"，具体到操作层面，就是是否"纲常有序"。这就需要以"礼"进行规范，以"乐"进行引导。礼崩乐坏，国家就难以维系了。

"礼"，说白了，就是各种各样的"规矩"。这些"规矩"，是从各种经验教训中总结而来的具体实操法则。"礼"，既是国家形象需要，也是国家管理需要。

因为国家有了"礼"这样的需求，研究美食，就不再是老百姓自发的个人行为，而是一种国家行为。在中华美食这篇大文章里，"礼"是"美食"最早的创作动机和最大的原动力。所以后世才有了"饮食之初，始诸礼仪"这么一说。

三套鸭

很多人没听说过这道菜
更多人没品尝过这道菜
这些不重要，要命的是——
没几个人会吃这道菜

何谓"七咂"——
一道汤菜七种味道

"平中出奇"的杰作
"淡中显味"的典范
"怪中见雅"的例证

味道上的"双剑合璧"
菜肴里的"和而不同"
这是淮扬"文人菜"中的"君子菜"

在诸多传世淮扬经典名菜当中，三套鸭这道菜是"平中出奇"的杰作、"淡中显味"的典范、"怪中见雅"的例证。这道菜是味道上的"双剑合璧"、菜肴里的"和而不同"。如果你不知道淮扬菜为什么被称为"文人菜"的话，那么这道三套鸭就是一叶知秋的那片叶子，是淮扬"文人菜"中独一无二的神品之作——"君子菜"。

很多人没有听说过这道菜，更多的人没有品尝过这道菜，这些其实都不重要，重要的是——没几个人会吃这道菜！

三套鸭的主料（家鸭、野鸭、鸽子）

整禽出骨

这是一道什么样的菜式呢？

从外观上来看，这道菜有点像俄罗斯套娃一样，家鸭里套了只野鸭、野鸭里再套了只鸽子，看上去像用一只长了三个不同脑袋的怪鸭子炖了个汤。

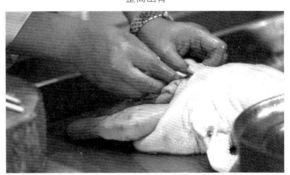
每套一层都需用辅料塞紧

这道菜的做法，可以简述为：将鸽子、家鸭和野鸭分别整禽出骨；然后，将拆完骨的鸽子翻过来使鸽肉掉外，焯水后再将其翻回来，将野鸭同样翻过来焯水再翻回去；将鸽子塞进野鸭腹中，并用香菇笋片填充空白；同样，再依此法将塞好鸽子的野鸭，塞进家鸭腹中去，这样就得到了一个三套鸭生坯，将它清炖出来便可以了。

三套鸭品鉴

　　第一次见到这道菜的人，往往觉得只不过造型有点奇怪，清汤寡水地好像也没啥了不起。

　　对了！淮扬菜要的，就是这个"没啥了不起"的感觉——"平"！

　　"平中出奇"是淮扬菜设计理念的第一条。要是用上一堆猛料堆叠起来装盘上桌，在扬州文人看来，那就"俗"了，穷得只剩下钱了。有钱算个啥？在扬州盐商眼里，有钱，这是最不值得显摆，甚至一定要隐藏起来的事情。

　　那这道菜"奇"在何处呢？
　　首先在于它的吃法！

　　从来没有一本书专门提过这道菜的吃法。但这道菜一半的文章恰恰就在食客这里（当然，另一半文章是如何去做）。这可不光是菜价的问题，"怎么去吃"的关键在于，你得懂它！

　　这道菜的"品鉴　看点"有三：

　　其一，三种禽类全都采用了"整禽脱骨"的技法，去除了腔体内部的骨头。但如果不动筷子的话，从外观上是看不出来的。这是第一处酸爽！

其二，这道汤菜，其实是暗含着多种味觉层次的，最好由外到内、一层一层地吃下去，每一层都会打开一个味觉艺术的全新天地。这是第二处酸爽！

其三，这道菜的品鉴，最好得由主宾合作，共同欣赏，方能尽得个中之妙。这是第三处酸爽！不过，这得另起一行了。

三套鸭的品鉴步骤，笔者建议如下——

主人先邀请嘉宾各自用调羹在汤碗里随便舀一勺汤喝，这时汤碗里的汤主要是家鸭的味道。然后主人邀请各位嘉宾起身，各持调羹围在汤碗四周等待。主人用两双筷子将家鸭层拨开，并从周边将汤汁浇进夹层，各位嘉宾赶紧用调羹去夹层里捞汤。动作快的，可以明显品尝到野鸭不同于家鸭的独有鲜香。等主人放下筷子自己去尝，对不起，那是第三种味道了，家鸭和野鸭的混合味道，这就有别于刚才两种单独的味道了。

下一步打开野鸭层，再下一步是打开最里面的鸽子层，品鉴方法同上。当三层逐一打开并分别品尝完以后，主人会吩咐下去，服务员将已经散裂开的三套禽完全打散，连汤带肉（三种都有）用小盅分客盛好，再请嘉宾仔细品尝。

劝菜中的宾朋互动、味道里的层层递进、感官上的惊喜连连，这种"仪式感"和"获得感"，就是淮扬经典菜所追求的终极效果——"虽由人作、宛自天开"。

你可能会说：谁规定了三套鸭得这么吃的呀？你这么讲的依据又在哪里呢？

TIPS

据《调鼎集》记载，早在清朝中叶，扬州就已经出现了"套鸭"，其做法是："家鸭去骨、板鸭亦去骨，填入家鸭肚内，蒸极烂，整供（连锅端、一起上的意思）。"

呵呵，没人规定过这道菜怎样吃才是唯一正确的，上述吃法只不过是笔者的一个建议罢了。你要想没心没肺地一上桌就分拆开来吃肉喝汤，笔者最多不吭声罢了。

你可能吃过酱鸭、卤鸭、八宝鸭、香酥鸭、盐水鸭、樟茶鸭、北京烤鸭、无为熏鸭、湘西土匪鸭、鸭血粉丝汤……如果是个讲究人，你还可能吃过母油船鸭、甫里鸭羹、糟熘三白、火燎鸭心……总之，中国的鸭子菜式实在是太多了。

但天下鸭馔，往往都有一个共同的特征，那就是他们都会把鸭子或鸭杂，设计成这道菜的"独唱"或者"主唱"。而三套鸭这道菜，是为数不多的将它设计为"三重唱"的菜式。重唱，是要分声部，是要有和声的。这就是三套鸭与其他鸭子类菜式的根本区别。

套鸭这种做法的优缺点都是相当鲜明的。优点是板鸭会帮上家鸭的忙，家鸭的味道会变得很好（后世称这种手法为"陈鲜互映"），缺点是家鸭却帮不上板鸭什么忙，板鸭会变得很老、很咸，即使经过预处理，味道也完全不如家鸭。

笔者不知道是谁，在什么时候，把套鸭最终改良成了三套鸭。但笔者知道的是，三套鸭这道菜最终的设计思路——既然套鸭这个二重唱合不到一起去，那就得重新考虑这个合唱的组合。

子曰："君子和而不同，小人同而不和。"三套鸭这道菜，就是根据"和而不同"的思想设计出来的一道菜。

具体来说，它要求三种原料各自有着其鲜明的味性，而一旦当它们组合起来的时候，任意两种食材复合在一起的味道，都要能产生一种"双剑合璧"的鲜香倍增的效果。

印证这一观点的是，淮扬菜里还有另一道不那么著名的汤菜"天地鸭"，那是将家鸭和野鸭一起合炖出来的汤菜。相比于单纯的老鸭汤来，这道"双剑合璧"的"天地鸭"的味道，就是个"碾压式的存在"。

古汉语在表达"很多"这个概念时，常会用"九"来形容，比如

三套鸭 薛泉生作品（王建明摄）

九转大肠、九制陈皮。而三套鸭，却被业内称为"七咂汤"。至于为什么是"七咂"而不是"九咂"呢？没有人解释过。

笔者的理解是这样的：家鸭、野鸭、鸽子，这是三种味道，它们各自两两组合起来，又会形成三种新的复合味道。最后打散，三种食材全部混合起来，又会生成一种复合味道，这样一共七种味道。这有可能就是"七咂"（而不是"九咂"）的原因。

当然，理想中的"一道汤菜、七种味道"是不可能的，因为最里层的鸽子和最外层的家鸭，中间还隔着一层野鸭，它们不可能单独两两组合成一种新的复合味，这只是一种"愿望"而已。

笔者本人曾用这种品鉴方法多次验证，这里，笔者可以负责任地说，每个人都可以品尝出四五种不同的味道。这里的误差在于家鸭、野鸭和鸽子的取料是否有足够的"本味"。

淮扬菜中的很多经典菜式的风格，都和三套鸭这道菜有共同之处，

摄影 周泽华

那就是"会吃"与"会做"同等重要。只有当制作端的厨师和消费端的食客同时都是"知味者"时，他们之间的默契和互动，方能使这道菜的艺术魅力达到完美。

而现实中，我们往往只对厨师提出要求，对于食客，则无条件迁就，因为"顾客就是上帝"……

闲言少叙，言归正传。

三套鸭的诸多妙处，上面只说了一半。因为无形之中，笔者略去了一个重要的前提，那就是事先默认你所吃到的三套鸭是做得非常到位的。而事实上，市面上所能见到的三套鸭，却往往是做得不到位者居多。

这就不光是厨艺的事了，更重要的，还有厨德！

很多初学淮扬菜的徒弟们，往往会觉得，三套鸭这道菜无非就是一个"烦"，只要我把"整禽脱骨"这个技术学好了，这道菜倒也没什么"难"的地方。

当年，笔者也曾经是这么认为的。但是，功夫永远在诗外，三套鸭这道菜的制作难度，一多半在选材上。"审材辨材"这个看不见的功夫，是淮扬菜的一道永远的难关。

先来看家鸭。

菜谱上永远不会告诉你，那只家鸭到底是公鸭还是母鸭。而事实上，如果是制汤的话，老公鸭与老母鸭的味道差别，差不多就是 NBA（美国职业篮球联赛）与 CBA（中国职业篮球联赛）的差别。岔开一句闲话，南京鸭血粉丝汤、苏州甫里鸭羹、徽州馄饨鸭，都用老鸭汤作为底子，而其中的最优选择，无一例外，都是老公鸭，只是对业外人士，大家都不说而已。

那么，为啥菜谱上不能写明，家鸭以老公鸭为佳呢？

你要体会写菜谱之人的难处，因为市面上是买不到老公鸭的。养鸭场的鸭子，往往是七八十只左右的母鸭，才会给配上一只公鸭。公鸭多了，鸭群会整天不得安宁，那母鸭还下不下蛋呢。

真正的好厨师，会在接到三套鸭订单的时候，直接联系养鸭场，去向鸭农买一只老公鸭。但，这可是个"良心活"，因为，即使用了母鸭，大部分普通人，也还是看不出来的。再说，"作品"与"产品"的区别，本身就与"对""错"无关。

再来看野鸭（广义的野鸭包括多种鸭科鸟类，多为国家一级保护动物。狭义的野鸭指绿头鸭，人工养殖三代以上可以食用）。

野鸭的高下，不仅要看外在的大小，还要看它内在的味道。野鸭不同于家鸭，它一孵化出生，就天然地知道，它这辈子要不停地与天地搏斗，否则它根本活不下来。

野鸭的幼年期，是靠父母喂食的。兄弟姐妹少的、会抢会争的，就长得结实。不要小看这一点，对于野鸭来说，"赢在起跑线"真的很重要，这意味着今后它将"一步领先，步步领先"。无论是飞翔、觅食、躲避天敌，它都将"胜天半子"。更重要的是，野鸭的味道，基本上是在幼年期决定的，小时候长得好，它的肉质鲜香程度就一辈子好。那些小时候长得不咋地，但青少年时期食物条件好的野鸭，虽然成年后也可以长得比较大个，但它的味道，终究是"稍逊风骚"的。

但是，你又不可能给每只野鸭挂上一只标牌，追溯它的生长过程。那怎样才能知道它小时候长得好不好呢？

很简单，看鸭嘴和鸭蹼的颜色，红色的最佳，其下依次是橙色、黄色、灰色、黑色。红色的野鸭，一般都是个体较大的，民国时期，一块银圆可以买两只这样的野鸭，所以称"对鸭"。而黑色的，一般都长不大，一块银圆可以买八只以上，业内称"八鸭"，那一般只能和麻雀一样，油炸着吃个味，不能用于制汤。

三套鸭最麻烦的选料就是选鸽子。

按照"和而不同"的理念，鸽子本身得有浓郁的"鸽子味"，那么老鸽子看起来是最佳选择。

但是，鸽子可是焐在三套鸭的最里层的。如果用老鸽子的话，那外面的两层就算都炖烂了，中间的鸽子肉可能还老着呢。

那怎么办呢？这就得退而求其次，选用一只"中年"的鸽子。但是，这个挑选中年鸽子的难度，可不是一般的大！

为什么呢？

鸽子孵化出来的时候，一般就 20 克左右，如果会养的话，一周左右就会长到 150 克上下，一个月左右，差不多就有 500 克。一个半月后，鸽子就会飞了。但上天之后，老鸽子和小鸽子几乎长得一模一样。如果只是区分老鸽子和刚上天的少年鸽子，那也简单，看它爪子下的肉堃子是否厚实，再看它骨骼是否硬化就可以了。但我们要的是中年的鸽子，这样去辨别，误差太大了。

那么，这只中年的鸽子是怎样挑选出来的呢？这个问题困扰了笔者很长时间。

好吧，笔者直接告诉你答案——将鸽子的脑袋向后面拗过去，这对于鸽子来说是极其不爽的，老鸽子会从头到尾地使劲反抗你，而刚上天的鸽子还不懂事，你把它的脑袋向后拗过去，它从头到尾一点都不反抗。

中年鸽子的标志是——它一开始会使劲反抗一下，但人的力气总是比鸽子大得多的，脑袋被向后拗过去以后，它就再也不反抗了。这就是我们要找的那只中年鸽子！

以上这些，不仅是厨艺的问题，它还关系到"厨德"。而学习淮扬菜制作的徒弟入门后的第一个门训，往往是一样的，那就是——

"敬事如神"！

拆烩鲢鱼头

所谓"大菜"者，造型要先夺人，厨艺要细腻精湛，吃口要艳压群芳。

脱骨工是淮扬菜三大特色技法之一，凡大型食材，须讲"扒烂脱骨而不失其形"，而小型食材，须讲"手法细腻而不见刀口"

鱼头拆骨，一多半考的是"助功"的水平，也就是"煮到什么时候算刚刚好"

"文人菜"，是要讲"风骨"的，它最忌讳的，就是一个"俗"！
最好不放芡粉！但汤汁还必须黏稠胶滑起来，如此，方可称得"止于至善"！

拆烩鲢鱼头，虽位列"扬州三头"之末，但它却是"三头"中个头最大，气场最强的。

上佳的拆烩鲢鱼头，应该是初冬时节淮扬菜宴席桌上的头道大菜。所谓"大菜"者，造型要先声夺人，厨艺要细腻精湛，味道要艳压群芳。

作为宴席桌上的一道"头菜"，拆烩鲢鱼头须鱼头伟硕，方可"镇桌"；这道菜主料虽为鱼头，但入口后却毫无骨刺之虞，鱼头本身须"扒烂脱骨，不失其形"，最重要的是鱼头上的鱼皮最好不破不裂，如此方见得厨师手段；当然它也是吃起来也应该是最让人惊艳的，其口感应胶滑软糯，其味感应浓鲜馥郁。

在淮扬菜宴席上，"头菜"如果做得好，会得到主客嘉宾的谢赏。这套名为"谢头菜"的仪规一般如下——

当主客嘉宾们共同品尝并认可了这道菜的水平后，席长（也就是请客买单的那位主人）会拿出一个事先准备好的红包，并把堂倌请来吩咐他"谢头菜"，堂倌会喜滋滋地跑向门边，昂首挺胸向门外高喊："谢头菜啦！"这时等候在门外的主厨（有时候是后厨团队）会进来，向大家致意，并接过席长的红包，席长此时邀请大家一同举杯起立，并当众给这位主厨倒上一杯美酒，然后大家一起敬酒。

对厨师来说，"谢头菜"的次数、频率以及主客嘉宾的"咖位"，就奠定了他今后的"江湖地位"。

但是，"谢头菜"可是有前提的，那就是这道菜上桌之后，能否在第一时间得到食客们拍案叫绝般的喝彩，这叫"碰头彩"，这和戏曲名角登场亮相后观众的反应是一样的。如果头菜上桌没有赢得食客的"碰头彩"，主人不光不会"谢头菜"，而且脸色一般会很难看。为什么呢？因为这次请客他的面子就不足了。

在淮扬菜宴席上，厨师与食客的这种"欢喜冤家"式的互动，也是一种美食文化。它在客观上刺激了淮扬菜厨师们不断暗中较劲。因为，"手艺就是饭碗"。

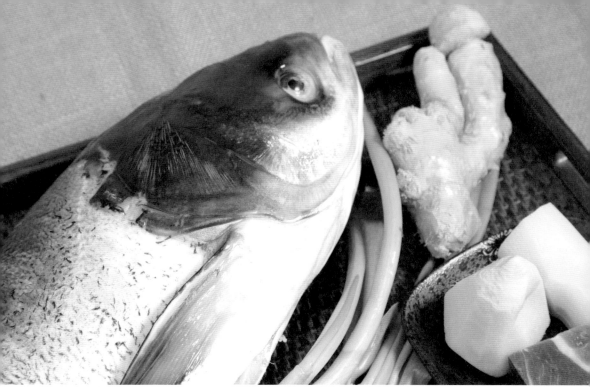

花鲢鱼头

那么，拆烩鲢鱼头这道菜到底怎么做，才能赢得"碰头彩"呢？这就要提到拆烩鲢鱼头这道菜的"天、地、人"三才。

所谓"美食"，乃"天、地、人"三才的完美结合。三才之中，"天、地"二才指食材本身的天地造化之美。这是阴性元素，它"躺"在那里不动，需要人们去发现，但食材的这种天然之美，只占美食之"美"的一小部分；而美食之"美"的绝大部分，属于"人"这一才，这是美食三才中唯一的阳性因素。

这道菜的"天、地、人"三才中的"人"，指的就是"拆"和"烩"，这两个字步步暗藏玄机。

先来说"拆"。

所谓拆烩鲢鱼头，就是用拆骨后的花鲢鱼头烩制而成的菜肴。一道菜大凡只要提到"拆骨"二字，它基本上就不是家常菜了。

上佳的"拆骨工"手艺，往往一上桌就能直接赢得个"碰头彩"。"平中出奇"要的就是这种效果。

一道菜如果用到了"整鱼出骨""整禽出骨""鱼头出骨"和"猪头出骨"这一类非常精细的拆骨工，这样的菜式才担得起"功夫菜"三个字。

那么，具体到花鲢鱼头来说，它的拆骨工又难在哪里呢？

拆烩鲢鱼头的造型，在于拆骨后鱼头形状依然要保持基本完整，万不可支离破碎。而较高的要求，是看它的鱼皮是否完整，以不破不裂者为上。

如果从菜谱上来看，鱼头拆骨的工艺似乎也并不算复杂，它的大致步骤如下：

将花鲢鱼头去鳞去鳃、洗净，用刀批成两片，鱼皮不可斩开，放入锅内，加清水淹没鱼头，放入适量的葱结、姜片、绍酒，用旺火烧开，再改用小火焗到八成熟。然后捞出来，拆去鱼骨头。

听起来很简单吧。

如果你是个厨房"小白"，请试着做做看，笔者所见到的所有新手，基本上都是"一听就懂，一看就会，一学就偏，一做就错"。

为什么呢？因为所有的菜谱上，都不会写"怎么去拆"这一细节里的难点和重点。

鱼头拆骨的先后步骤一般是从易到难、先大后小。可是鱼头煮到骨肉分离的地步，它就很娇嫩了，你一不小心，拆骨时就会"破了相"。

有经验的师傅，一般会将预煮好的两片鱼头放在清水里，有了水的浮力，拆下来的鱼骨，就会听话多了。一只手在水里托着鱼头，另一只手轻轻拆去腮盖和易脱落的大块鱼头骨。这个不算太难。

下一步，就是骨肉相连的那些部位了，其中鱼眼周围的皮肉尤其重要，这一块要是拆烂了，鱼头的形状也就荡然无存。你要是不用力气呢，鱼骨鱼皮（如果在内部就是鱼肉和鱼骨）不分家；你要是用力呢，就算是在水里托着，鱼皮也还是很容易被弄破。

注意了——这时候最好不要再用手去拆骨，手指虽然灵敏度很高，但手指的尺寸相对来说还是太大了，这时候需要用竹签子来帮忙。用竹签轻轻挑开鱼皮（尤其是鱼眼附近），使之与鱼骨剥离，然后一点点地向里边剔。直至骨肉完整剥离脱落开来，再用手轻轻取出鱼骨。这是个精细活，要是没点儿"静如处子"的定力，这一步很可能使整个鱼头拆骨"功亏一篑"。

　　顺便说一句，拆骨之后的鱼头，不可能像没拆骨时的一模一样，它是会坍下去的，但只要鱼皮不破不裂，最后是可以通过在鱼皮下面垫辅料，使之"不失其形"。

　　看到这里，很多人会说："哇！鱼头拆骨好精细啊！"

　　请等一下再点赞——拆骨固然是细巧活，但基本上只要你练过几回，再小心一点，也就会了。真正考验厨师的地方其实并不在这里！

　　是吗？难道还有比鱼头拆骨更难的？

　　是的！

鱼头拆骨

司厨 陶寿祥

鱼头预煮考的是经验

鱼头拆骨

鱼头拆骨，一多半考的是"助功"的水平，也就是"煮到什么时候算刚刚好"。须知鱼头有八分熟时，刚好骨肉可以轻松拆开，此时鱼皮鱼肉还剩下最后一点筋道。这样拆起骨来成功系数才高。

如果没煮透，那骨肉仍然相连，它们会巴在一起，一拆骨就必然破相；如果煮过头，那骨肉已然分家，鱼皮和鱼肉往往有点糜烂，一拆骨就更容易破相。

要知道，鱼头有大小、汤水有多少、火候有文武、时间有长短。要想把鱼头煮到"刚好骨肉分离"，请问上述四个要素如何"标准化"呢？

所以，煮到何时可出锅，完全凭厨师的临灶经验。这就是菜谱无法记录下来的地方。

据已故的江苏烹饪前辈薛文龙介绍，以前厨师在省烹饪协会考试时，如果抽中了这道菜，那可是要全体清场的。厨房里只允许有参加考试的厨师在。

为什么要清场呢？

你想啊，如果有个临灶经验丰富的老师傅站在徒弟后面，看看煮的火候差不多了，他轻轻咳嗽一声，徒弟就听懂了："明白！这是提醒我，鱼头该出锅啦！"

但是，那可就算作弊啦！

就算不让老师傅出声也不行，他到时候摸摸鼻子、理理头发，都可能是暗号。所以，为严肃考场纪律，只能清场。这些现实中的厨房江湖，你没听说过吧，嘿嘿……

再来说"烩"。

在讲"烩"这一步之前，大家先要弄明白"烩"是什么意思。"烩"是个形声字，原意是把不同的原料融合到一起的烹饪方式。

很多人以为大杂烩是一道汤菜，错！"烩"出来的菜基本上是"半汤菜"，要求是连汤带菜一起入口。所以它对主辅料的搭配和调料的构成有着严格的要求，那就是要"聚物夭美""柔腻为一"。

"聚物夭美"是苏东坡的话，把天下最好的东西聚拢到一起来。"柔腻为一"是袁枚的话，就是复合成一种全新的味道（当然，有时候它还指"质感"的统一）。

花鲢鱼头最美的是那种胶滑软糯的质感，但其味感是比较单薄的。所以这道菜的辅料要用得厚重一些。比如火腿、蟹肉、虾籽、笋尖……总之，这道去了骨的鱼头不仅要吃起来口感黏糯胶滑，还要在味觉上形成浓墨重彩的效果。

这些味道要合成一种浓郁的复合味，是需要一定的火候来伺候的。但是，请注意一下,刚脱完骨头的大鱼头,可再也经不得"辣手摧花"啦。

那怎么办呢?

得分开来处理，先把汤底子处理好了。也就是除了鱼头以外的那段鱼肉先切碎了下锅用大火冲成奶汤，再下辅料烩至味道浓鲜馥郁，等这些味道复合好了，再把拆好骨的鱼头从平盘里推下锅去，烧到基本入味就可以了。

你可能会说："挺简单的，没看出来难在哪儿呀"。

"聚物夭美"的要义在于——如何才能"聚"得起来。

料要舍得下，这个前面说过了。但是汤汁得像鱼头炖出来的那么浓厚才行，作为汤底子，用清水当然可以，但寡淡了；用清鸡汤虽然是有味的，可是它的质地不够稠厚，味道也比较浓，不像鱼汤。所以最好用虽然鲜美但不易抢味的排骨汤为底子，把鱼头后面那段鱼身子上的鱼肉先用大火制成奶白色浓汤。

然后，再下火腿、笋片、蟹粉（或者蟹油），用文火把它们合成到一起去。

下一个问题是：烩菜可是要连汤带菜一起吃的，如果汤是汤、菜是菜，那算什么"烩菜"呢?

那是不是起锅前还要加水淀粉勾芡呀?

烩菜都是半汤菜

对，有些菜谱的确是这么说的，这么做也不能算错。但是，淮扬菜是比较忌讳"粉黛之气"的。记住——淮扬菜，是"文人菜"。"文人菜"，要讲究"风骨"，它最忌讳的，就是一个"俗"字！

最好不放芡粉！但汤汁还必须黏稠胶滑起来！

告诉你吧，汤汁味道合好以后，最好放（塌烂的）雄蟹的蟹膏。

如此，方可称得上"止于至善"！

什么叫"庖丁解牛"？什么叫"精妙微纤"？一道拆烩鲢鱼头里全有了。不过，上面这些只讲了"天、地、人"三才中的一才——"人"。

那么这道菜里的"天""地"二才，也就是鱼头本身又有些什么样的要求呢？

中国的四大家鱼分别为：青、草、鳙、鲢。在今天看来，"鲢鱼"指的应该是"白鲢"，而这道菜中的所谓"鲢鱼"，其实用的是鳙鱼，只不过俗称"花鲢"。

那么，"拆烩鲢鱼头"这道菜是不是搞错了名字呢？

没搞错！

西方生物学是按照界、门、纲、目、科、属、种进行分类界定的，但咱们中国人起名字一般都是象形为主。咱们就叫"白鲢""花鲢"，不称学名。至于这道菜的菜名嘛，咱们总不能叫"拆烩花鲢鱼头"吧，那太复杂了，还是简化一下，就叫"拆烩鲢鱼头"，就这么简单！

老子他老人家早就说过——名字叫啥不重要，重要的是"道"！

那么花鲢鱼本身，又有什么"道"呢？

花鲢，美就美在它那个大鱼头，这个好像大家都知道，但很多人不知道的是，花鲢头什么时候最肥美呢？

那就是每年初冬的"小雪"时分。

花鲢是淡水底栖的滤食性鱼类，吃素的淡水鱼儿们在入冬后，会宅在水底，不吃也不动，净消耗体内的能量了。所以入冬之前，它必须先把自己给喂肥，如此方能过冬。而小雪之后，随着水温降低，花鳙鱼一般就停止进食了。而花鳙要发胖呢，会先胖它那个大头，所以小雪前后的花鳙头胶质最多，最为肥美。

这时候的花鳙，在扬州被称为"雪鳙"。

TIPS

生物学的分类级别是界、门、纲、目、科、属、种。白鲢和花鳙是堂兄弟，它们在界、门、纲、目、科（亚科）这几级都是一模一样的。只是到了"属"这一级，它们分家了。白鲢是鲢属、花鳙是鳙属。

"雪鳙"之中，江鳙一等、湖鳙二等、河鳙三等、塘鳙四等。此外，即使是"雪鳙"也还要看个头，一般净重六斤以上的鱼头，鱼皮才更厚更糯，鱼头里才胶质满满。不过这就意味着这条花鳙鱼本身，须在二十斤上下，这样大的花鳙鱼，本身就是鱼中的极品了。这样的大鱼头上桌后，方有"头菜"之威，若是鱼头净重在两斤以下的，那个鱼头里本来就没有啥胶质，那还费那个"拆骨"的工干吗呀，您说是不是？

拆烩鳙鱼头这道菜，前面提到的两重境界，都是对人（手艺）的敬重。而第三重境界，是对天地的敬重。

只有"顺天应人"，才能"任运自然"！

扒烧整猪头

扬州人常把真正的美味形象地称为"打个巴掌都不丢手"。

那么,最早的这个"打个巴掌都不丢手"的东西是什么呢?

——是扒烧整猪头。

因为这道菜做工极难,所以才显得出"昨夜西风凋碧树,独上高楼,望尽天涯路"的厨艺追求;因为猪头具有最终被整治成为美味的可能,所以它才值得人们为之"衣带渐宽终不悔,为伊消得人憔悴"。

而这种极不起眼和极其柔美所带给食客们的巨大惊艳,是完全符合"众里寻他千百度,蓦然回首,那人却在灯火阑珊处"的最高美学境界的。

这一回，我们讲淮扬"三头宴"之首——扒烧整猪头。

所谓扒烧整猪头，简单地说，就是将拆骨之后的猪头红烧好，再整个儿地扒扣到盛器里，其外形如同猪八戒的笑脸。

异味去尽的猪头，烧好后有一股独特的、难以言传的异香。这是因为猪的头脸部位肌肉纤维最为复杂，猪嘴、猪鼻、猪耳、猪舌等肌肉组织各不相同，当它们一起焖烧复合之后，不同肉质之中不同成分的肌苷酸就会复合生成一种独特的肉香。此外，猪脸可是猪身上胶原蛋白最为丰富的部位，在温柔的文火撩拨下，春心萌动的胶原蛋白会以一种"羞答答"的缓慢速度均匀溢出，并同时与肉香进行滋味上的复合。于是，一道异香扑鼻而口感滑糯的美味就这样诞生了。

吃这道菜最好不要用筷子，你只要用调羹像切豆腐似的轻轻一划并就势一捞，再把那琥珀般透明、羊脂般娇嫩的一大坨果冻似的猪脸吞到嘴里，再轻轻地抿上一抿，它就会在你嘴里浓墨重彩地晕染开来了。

此时，你的眉毛会猛地向上一扬，你的舌头会快乐地哆嗦、你的眼睛会在放出一束光芒之后再陶醉地闭上，你所能发出的唯一的声音，是鼻腔里呻吟般地哼出来的一声长长的、高低起伏而又抑扬顿挫的"嗯——"

拜托，你可千万别美得晕过去，光知道这些没什么大用。这扒烧整猪头到底是怎么做出来的，那可不是用形容词能够堆砌出来的。

你得先把那口水咽下去，然后再耐着性子往下看。

———

扬州好，法海寺闲游。湖上虚堂开对岸，

水边团塔映中流，留客烂猪头。

——清·白沙惺庵居士《望江南》

猪头肉在扬州的地位可能真的是一言难尽。但如果一定要把这个问题说明白，那就不得不把一对矛盾的两个方面拆开来一一细说。

其一，猪头肉是极其价贱的。

这句话其实可以通过一句江苏俗语"猪头三"来理解。所谓"猪头三"，实际上是"猪头三牲"的简称。而猪头三牲往往是祭祖时用的，一般人们会在祭祀之后把这些祭祀品弃置不用。

为什么猪头会被弃置呢？因为中医认为猪头是"发物"，而且猪头部位的肉，可能是各部位的猪肉中异味最重的了，所以猪头肉的处理可能也最为繁杂，在摄毛、刮皮、拆骨、去淋巴、除肥腥等复杂的步骤中，如果稍微有一点点马虎大意，那么猪头肉基本上就废掉了，那种复杂而怪异的口感和异味肯定会让吃客们反胃。

所以，从笔者记事以来就知道，猪头肉是穷人吃的"杀馋肉"。

但矛盾的另一面在于，扒烧整猪头实实在在是淮扬菜赫赫有名的"三头宴"中的头道招牌（另两"头"是清炖狮子头和拆烩鲢鱼头）。"扒烧整猪头"这道菜，从三百多年前它的原形"法海寺烧猪头"那会儿起，就是富贵人家才吃得起的一道名菜。据说法海寺的烧猪头最贵的时候居然卖到"一尿壶二两银子"的地步。要知道，清乾隆年间，平民三口之家一年的最高生活费用也不过十两银子。

关于法海寺的"烧猪头"到底有多好吃，有一雅一俗两个版本可以供您参考。雅的版本您可以拜读一下朱自清先生的《扬州的夏日》一文，不过俗的这个版本说来可能更有趣一些。

故事说的是有两个人某日傍晚同买了一个烧猪头回来，不巧的是火石打不着了，无法点灯。甲便让乙去向邻里借火来点灯，但乙却担心甲借机偷吃。甲无奈便与乙约定，在乙去借火期间，甲必须不停地拍手，以示没有偷吃，乙在甲的拍掌声中，可以放心地向邻居借火。但等乙借来了火回来点灯一看，烧猪头已经去了大半，正纳闷时，忽然发现甲的一边脸肿了起来，这才明白，甲是用一只手不停地拍打着自己的脸，而腾出另一只手来去抓猪头肉偷吃。

这就是"打个巴掌不丢手"的由来。

那么扬州的猪头肉到底值不值得你"打个巴掌不丢手"呢？那咱们最好先看看吃过这道菜的先人们是怎么评说的，然后你自己再把猪头肉主要制作过程审视一下。这样答案可能就比较令人信服了。

二

> 绿扬城，法海僧，不吃荤；
>
> 烧猪头，是专门；
>
> 价钱银，值二尊；
>
> 瘦西湖上有名声，秘诀从来不传人。
>
> ——清·乾隆年间扬州民谣

提起当年扬州传说中的烧猪头，我们就不得不提瘦西湖畔的法海寺，也不得不提那位传说中的乾隆年间的莲性和尚。

笔者所听说的版本是这样的：清乾隆初年，有一位半路出家的和尚，法名叫作莲性（一说是因其在莲性寺出家，故称"莲性和尚"）。可能是因为出家前就会一点烧猪头的手艺吧，他在出家之后，看见人家祭祀后弃置不用的猪头时，难免心痒喉痒兼手痒。但出家人总不能把猪头拿到庙里的香积厨里去烧，他只能放在自己的房间里。烧猪头总得有锅吧，他于是取来一只全新的尿壶，把猪头拆了骨、切了块放进去。下一个问题是火，这个难不倒咱们的天才美食家，庙里的蜡烛有的是。只是这蜡烛火实在是太慢了，做好这么一尿壶猪头肉，得整整干耗个两天两夜，还不能让别人发现，于是莲性只能自称闭关诵经。于是，日后大名鼎鼎的"法海寺烧猪头"就这样诞生了。

这事儿瞒得过别人，却瞒不过总也见不着他的俗家朋友老乌，老乌可是大户人家的私家名厨，鼻子当然格外灵敏……于是，法海寺的猪

头肉就不得不外卖了。因为花的功夫太大，加上风险系数太高，所以这种猪头肉的价钱也有点儿不讲理，二两银子一尿壶。再后来，老乌的东家忍不住要跟人家显摆显摆，而这些来往的客人中有的是一帮自诩风流的文人墨客，他们当然不会放过这个心理猎奇兼口腹享受的好机会，于是"法海寺烧猪头"就开始堂而皇之地见诸各种诗文了。

以上仅仅只是个传说，万万不可以当真。美食典故中，往往越是有鼻子有眼的故事，就越是不靠谱。不过当时的《扬州风土词萃》《扬州画舫录》等文人书稿中却浓墨重彩地记下了"法海寺烧猪头"的大名。相信这事儿不可能完全是捕风捉影的吧。

你也许会问，作为僧人怎么会不守清规戒律，胆敢杀生吃荤呢？其实，早期佛教传入中国时，其戒律中并没有不许吃肉这一条。僧徒托钵化缘，沿门求食，遇肉吃肉，遇素吃素，只要是"三净肉"（即不自己杀生，不叫他人杀生，不是自己亲眼看到杀生的肉）都可以吃。到了魏晋南北朝时，梁武帝萧衍在宫内受戒，下了《断酒肉诏》一文，从此断酒禁肉，终身吃素，此后"不许吃肉"才成了汉传佛教佛门弟子的严格戒律。

历史上和尚烧猪肉的故事其实并不乏先例，宋朝就有"佛印烧猪待子瞻"的故事。如果"和尚吃肉"算作一件佛门官司的话，那比佛印麻烦更大的还有济公、鲁智深……

这里有一个问题，夜壶装的猪头肉，虽然噱头满满，但在以风雅著称的扬州，这未免太不入流了吧。那么怎样才能让这种吃起来很香的猪头肉，上得大雅之堂呢？

《调鼎集》中记录了十五种猪头的做法，其中虽多处提到拆骨，但显然还没研究到今天的扒烧整猪头这么完善。也就是说，"扒烧整猪头"最终由谁完成了"临门一脚"，无从可考。事实上，绝大部分淮扬经典菜的最终定型都是如此。我们只能从今天可知的烹饪技法中，追溯先人的设计思路。

二

"洗净五斤重者，用甜酒三斤；七八斤者，用甜酒五斤。先将猪头下锅同酒煮，下葱三十根，八角三钱，煮二百余滚，下秋油（即酱油）一大杯、糖一两。候熟后，尝咸淡，再将秋油加减，添开水要漫过猪头一寸，上压重物；大火烧一炷香，退出大火，用文火细煨收干，以腻为度。烂后即开锅盖，迟则走油。"

——清·袁枚 《随园食单》

袁枚的《随园食单》记录的这一段关于红烧猪头的做法，可能算得上是古谱中最为详细的了。不过从厨房实际操作的角度来看，这一大段仍然过于简单。而且其中最为紧要的细节之处，拆骨和扒烧，袁枚他老人家远远没有说明白。

扒烧整猪头的难处，首先在预处理时的整治。

猪头首先要拆骨，这是一个需要"粗人"来干的"细活"。因为生猪头往往有十来斤重，没点儿力气那是搬不动更提不动的，而猪脸曲线复杂，去骨时非搬来搬去不可，这是其"粗"；而"细"指的是"拆骨不可破相"，尤其是肉头极薄的"猪拱嘴"部位，万万不可"破相"。

但接下来洗刮、去毛、剔膘等步骤却真的是"烦死个人"。就说去毛吧，如果猪毛去不净，那猪头甭管怎么做，都一定会有一股子"鬃腥气"。

这里有一个"看上去挺美"的办法，那就是"燎皮"，也就是将猪皮上火直接去烤，烤到表皮发黄后再泡开，然后连毛带表皮层一起刮去。殊不知这种对付"红烧肉"肉皮的最为完美的加工方法却是"猪头肉"的大忌。因为猪头脸上的毛可远远要比五花肉上的毛浓密得多，也复杂得多。猪头肉上的毛又可细分为鬃毛、粗鬃、细绒、睫毛、耳毫等等，如果直接去燎皮，那股子"鬃腥气"不仅去除不净，反而会"把根留住"。再说你也绝不可能把猪脸、猪耳朵那复杂的表面曲线燎得深浅均匀。

所以你只能耐着性子慢慢地去刮、去揿，还得去修。什么叫"修"？那是特指猪头的眼睫毛部位，因为用镊子拨时，眼眶可能会被拨烂，而用刀刮又刮不净。这就需要用刀根将眼睑整个修掉（就是仔细地切掉）。

猪头是猪身上肌肉组织最为复杂的部位，仅就可以最终食用的部位来看，猪耳、猪舌、猪拱嘴和猪脸蛋的肉质就截然不同，这些都得分开来单独预处理好。

不管上述工序做得有多仔细，猪头肉还得要多次用葱姜黄酒去焯水，这样方能净除其糟粕异味；也只有焯水之后，那些不宜食用的结缔组织、淋巴组织和多余的肥膘才能有效板结起来，便于再次将它们剔除得干干净净。

看看吧——你应该知道为什么一般人家不愿吃猪头，而穷人却又用它来"杀馋"的道理了吧；您也该知道真正的"精神贵族"不同于暴发户的那点"文化底蕴"在哪儿了吧。

这还没说到正式的"烧"呢，不过笔者得喘口气再说。

扒烧整猪头可分为蒸、烧两种常见做法。不过这两种做法中，蒸为"市肆之法"，而烧才是"钟鼎之法"。

蒸，没啥好讲的，将整治好的猪头放在特大号的海碗中，放葱、姜、花雕酒、冰糖、老抽和少许的八角、桂皮、香叶等香料，然后用保鲜膜封好，一通气蒸它两三小时便是。蒸出来的猪头，其肉质当然是肥而不腻的，但当你得到了可以批量生产的方便之后，你会发现，此菜油腻有余，入味不足。对猪头肉来说，蒸只是"赋味"，烧才是"入味"。

拆猪头

但烧的名堂可就讲究多了。

首先，烧的锅不可以直接用铁锅，因为铁锅导热太快，锅底温度最高，娇嫩的猪脸经不得"辣手摧花"，否则便会粘锅破了相；其次它也不宜直接用砂锅，因为砂锅导热较慢，不利于火候控制，而且因为有糖，一旦砂锅过热，一时半会儿它可凉不下来，那猪脸会比铁锅更容易粘底。

烧猪头须用竹箅子垫底

烧猪头最好的灶具应该具备这样的特点：导热时要有铁锅般的灵敏，这样无论大火还是小火都可自如控制，并且迅速到位；而保温要求稳定，温度上去了就能定得住，不能因为下面火调小了，整锅的温度都降低。因此，它最好介于铁锅和砂锅之间。那么这种神秘的盛器到底是什么呢？

做扒烧整猪头最完美的锅，应该是在铁锅里均匀地垫上碎瓦片。然后再铺上一层竹箅，把猪脸朝下放在竹箅之上，再加一只反扣过来的碟子压住它，下汤汁漫过主料，然后开始红烧，至于放各种调味料就不细述了。

为什么要这么做呢？因为这道菜对火功要求极高，第一步制熟要快，也就是猪头放下去后到整锅汤沸腾要快；第二步焖烧要慢，因为如果胶原蛋白分解得太快，就合不上味，汤面上会浮出厚厚的一层油，极其败兴；第三步收汁要稳，也就是当汤汁糊化成生漆那样浓稠的"自来芡"时，要用有节制的文武火，也就是看情况控制的中火，将汤汁收紧至"抱而不流"的"起腻"的程度，才能确保卤汁挂紧主料，达到"浓香挂口"的味觉效果。

只有导热极其灵敏的铁锅才可以如此灵活自如地调节汤的温度变化，而从锅壁到猪脸之间，有了瓦片和竹篦这一实一虚两重间隔，就完全不用担心猪脸会粘底，这样厨师才能自如遨游于水火之间而毫无投鼠忌器之忧。

用瓦片隔开的用意可不仅仅是防止肉粘锅底那么简单，它的第一层用意在于当汤水沸腾以后，温度要恒定在似开非开的状态，因为铁锅改为文火之后，整锅都很容易降温，这时瓦片的作用就相当于保温的砂锅。另一层更深的匠心在于，瓦片这样的多孔陶制品可以在一定程度上吸收多余的油脂腻垢。如此方能使浊者变清、腻者变厚，才能够达到"俗者变雅"的境界。

只是，这瓦片可不是你们家祖屋上随便揭下来便可以用的那种瓦片。这种瓦片须是没有上过房的干净瓦块打成的大小合适的小片，要是上过房的，那可真是"帮忙的反成添乱的"了。此外，瓦片入锅之前，要先用清水洗净并煮透，方可去尽其泥灰之气。而这个"不怎么起眼"的劳什子还得要在无油的清鸡汤里煨透了，方能给猪头肉这个"阿斗"提鲜增香。

当然，这里讲的是过去柴火灶条件下的处理办法，现在的炊灶具加热方式早就改进了，火候大小可以随心所欲地控制，对临灶经验丰富的师傅来说，垫瓦片这一步，也就可以省去了。除此之外，请参照袁枚他老人家的方子去做吧，那不算是深奥的学问了。

四

在一笑三叹之余，您可能会有这样的疑问：为什么扬州人当初会把猪头这种贫贱至极的东西研究到"化腐朽为神奇"的地步呢？

首先，我们得感谢中国历代吃不起好猪肉的劳苦大众；其次，我们该感谢扬州千百年来逐渐形成的"文人菜"的那种独特的烹饪审美观。

早在1400多年前南北朝时成书的《齐民要术》中，贾思勰便记下了"蒸猪头"一菜的简要做法（这显然不是他老人家的发明）；此后宋代彭乘的《墨客挥犀》、元代倪瓒的《云林堂饮食制度集》、明代高濂的《饮馔服食笺》、清代童岳荐的《调鼎集》和近代徐柯的《清稗类钞》乃至被誉为"美食圣经"的袁枚的《随园食单》等美食典籍都曾经一一忠实地记录下了历代的"贫下中农"们如何开发研究这道美味的经验和心得。没有这些历史经验的积累，扒烧整猪头不可能有一个较高的起点。

另一方面，如果没有那些有钱有闲兼有文化品位的美食鉴赏家去挑刺，如果没有那些不用考虑成本的大户人家的私家大厨去反复推敲，这道菜终究难以完成从"尿壶装猪头肉"到"扒烧整猪头"的跨越。

那么钻研淮扬菜的这些先贤们当初又是凭什么看中了猪头这种"贱货"的呢？

很简单，猪头这一食材完全符合淮扬顶级菜的"选美标准"，甚至可以这样说：贫贱至极的猪头简直就是先贤们眼中的"美人胚子"——

因为这道菜做工极难，所以才显得出"昨夜西风凋碧树，独上高楼，望尽天涯路"的厨艺追求。

因为猪头具有最终被整治成为美味的可能性，所以它才值得人们为之"衣带渐宽终不悔，为伊消得人憔悴"。

而这种极不起眼和极其柔美所带给食客们的巨大惊艳，是完全符合"众里寻他千百度，蓦然回首，那人却在灯火阑珊处"的最高美学境界的。

这就是为什么淮扬菜总是钟情于鸡鸭鱼肉、青菜豆腐这些最为常见的食材的原因，这也就是为什么淮扬菜总是能把最平常的材料做出最不平常的菜式来的原因。

淮扬菜说到底是文人菜，因为它比较忠实地体现出儒家中庸之道的哲学理念。

淮扬菜说到底是工夫菜，因为它比较艺术地展现出人的价值和人的精神追求。

TIPS

除上述三道名菜以外，以"拆骨工"为主要特色的淮扬菜，还有鸡包翅、八宝鳜鱼、松鼠鳜鱼、翠珠鱼花、双皮刀鱼、麻花带鱼……因篇幅所限，加之这些菜式的知名度和美誉度相对较小，本书就暂不赘述了。感兴趣的读者，可以关注笔者的 B 站号"周彤美食工坊"。条件成熟的时候，笔者将以短视频的方式将这些未尽之言，慢慢道来。

芙蓉杨梅 薛泉生制作 摄影 王建明

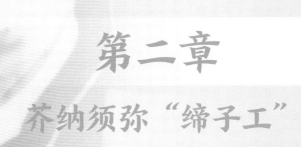

第二章

芥纳须弥"缔子工"

"缔子工"既是心与手的交融
也是人与天的对话

美食的"天、地、人"三才之中，惟"天地造化"的"自然"之美非人力所能为。在普通人看来，没有上佳的天然原料，巧妇亦难为无米之炊。

但是，很少有人注意到，人力所不能及的那些食材本身，其实只是"天然"或者"天赐"，而普通人眼中的所谓"自然"，其实往往已经在不知不觉之中，与"天然"或者"天赐"画上了一个等号。

而中华美食中的那个"自然"，除了"天赐恩物"以外，其实还有很大一部分人力可为的空间，那就是人工再创的全新"自然"。比如萃取、发酵、晾晒、风腊……这些人工再造的半成品食材，原本并非上天直接恩赐给我们的，但我们可以通过智慧、经验和劳动，转化或再创出一个可以完全与"天然"食材相媲美的"新自然"来。这就极大地拓展了"美食"中的那个"美"的空间。这种全新的美学境界就是"虽由人作、宛自天开"。

本章，我们重点谈淮扬菜三大特色技法中的"缔子工"。

淮扬菜中的所谓"缔子"，是扬州方言，在现代烹饪工艺学中，称为"泥茸制品"。川菜中称之为"糁子"，并有谚曰："一糁成师。"意思就是如果一个厨师能把泥茸制品的菜式做到家了，他就可以成为大师。

缔子工，不仅是把食材细剁成泥茸状这么简单，其间还有无法用语言直接描述的境界。

须知将食材打成泥茸状，并非终结目的，凡用到"缔子工"的菜式，往往对最终的成菜有着造型、口感和味感上的独特要求。根据具体成菜的要求不同，这些泥茸状的食材，往往还牵涉一些更为细腻的辅助工艺，比如鸡茸须过筛，鱼茸和虾茸须视其质地从而加入适量盐、蛋清或肥膘茸等。缔子初步处理到位之后，烹饪时还有放盐的分寸、搅打的手势、打发的尺度、火候的把控等难关，这些都会关系最终的成菜质量。在这些烦琐复杂的步骤中，如果有任意一个步骤做不到位，都无法使菜肴达到"美"的境界。但如果每一步都能做到丝丝入扣，那这类菜式给食客带来的品鉴体验，往往会是一种出乎意料的巨大惊艳。这些就是"一糁成师"这句话背后的潜台词。

"缔子工"既是心与手的交融，也是人与天的对话。

当然，凭空来发这么一大通总结感慨，也许会有点让人摸不着头脑。那么，我们还是借着几道淮扬经典菜式的品鉴分析，来谈谈"缔子工"里的"禅意空间"吧。但愿下列讲述，能够启发读者"有所顿悟"。

跟上笔者，咱们继续上路——

摄影 周泽华

鸡粥蹄筋

"鸡粥"在淮扬菜中的地位，相当于国画中的水墨写意，看似漫不经心，
挥洒自如，实际上仙风道骨，神韵天成。
民间素菜常以素菜为原料，在外形、口感和味感上模仿某种荤菜。
这种手法业内统称为"以素托荤"。
而鸡粥则反其道而行之，以动物类的荤菜原料进行深度加工，
来模仿素食中的成菜。这叫"以荤托素"。
什么叫"处处匠心，了无匠气"；什么叫"心手交融，天人合一"；
什么叫"虽由人作，宛自天开"；
一道鸡粥，就足以见微知著了。

鸡粥蹄筋这道菜，其实只是淮扬鸡粥类菜式的一个代表，后面的"蹄筋"并不是一个固定的搭配。根据菜肴的档次，蹄筋还可以更换为更为高档的燕窝、鱼肚、海参、鱼翅、裙边……，而蹄筋只是诸多辅料中最为常见的一种而已，所以鸡粥类菜式，往往会用"鸡粥蹄筋"作为一个"代言人"。

但不管"鸡粥"的后面跟的是多么高档的辅料，它们一律是排在第二位的。因为它们在这道菜中的功用，如同蛋糕上面的那只樱桃，仅仅起一种点缀或升华的作用。它们统称为"俏头"，与"鸡粥"的主题无关。

所以，本文只谈"鸡粥"，不谈"俏头"。

"鸡粥"在淮扬菜中的地位，相当于国画中的水墨写意，看似漫不经心，挥洒自如，实际上仙风道骨，神韵天成。

所谓"鸡粥"，并非通俗意义上理解的"鸡汤煮出来的粥"，它是用鸡脯肉和鸡汤做出来的一道很像白粥的"象形菜"。

这道菜上桌后，看起来就像是寻常人家最常见的白粥，而且几乎可以以假乱真。从外观上来看，你几乎不会觉得这道清清爽爽且简简单单的"白粥"有啥了不起。

但当你用调羹舀起一勺入口之后，你就会发现它所带来的巨大反差和惊艳——口感如上好的白粥一般丝滑，但其味感却远远不是白粥那样平淡，那是一种醇厚悠长的、富有穿透力的鲜美（业内称之为"挂口"）。 这道鸡粥完美地诠释了淮扬菜"平中出奇、淡中显味、怪中见雅"的风格特色。

素菜馆中，我们可能常常会见到素鸡、素鸭、素火腿、素蟹粉之类的菜名，它们的共同之处，其实就是以豆腐、面筋、笋子、香菇等素菜为原料，在外形、口感和味感上模仿某种荤菜。这种手法业内统

"鸡粥"是鸡脯肉做的

称为"以素托荤"。

而鸡粥则反其道而行之，以动物类的荤菜原料进行深度加工，来模仿素食中的成菜。这叫"以荤托素"。

"以素托荤"的菜式很常见，工艺难度也不算太大。但"以荤托素"就不一样了，这类菜式工艺难度极大，而且以之成名的中华名菜也少之又少。在中国各大菜系的传世名菜当中，可以与淮扬鸡粥相提并论的"以荤托素"菜式，只有川菜"汤品三杰"之一的"鸡豆花"。鲁菜里的"一品豆腐"、闽菜里的"蛋菇"，虽然也是"以荤托素"，但难度和档次稍逊风骚。

那么这种鸡粥到底是怎么做出来的呢？

鸡粥的做法，说来好像很容易——

将鸡脯肉剁细成茸，用清鸡汤瀣开成糊糊状。锅中另将清鸡汤烧开，一边将鸡茸徐徐倒入锅中，一边不断搅动，待形成粥状时，起锅装盘。

从操作上来看，就是这么简单。但你一上手，就会发现，原来这道菜真的是"看人挑担不吃力"。

首先，"将鸡脯细剁成茸"，但到底要剁多细才可以收手呢？

"剁"的细度，最粗的级别是"粒"，"粒"再往下细一级就是"末"，"末"再往下细一级就是"泥茸"（素料称"泥"，荤料称"茸"）。但不管你剁到粒末泥茸的哪一级，一个不变的要求都是"均匀"，万不可粗细不均。那么剁鸡脯就不再是那么没心没肺的事儿了，你得时时用心才能剁得粗细均匀。当然，现在有了料理机，这个过程可以交给机器去处理了。只是料理机在高速旋转时，刀口部位容易过热。打一会儿，最好停一下，等刀口冷下来再接着打。这样才不会使蛋白质提前受热变性。

这道鸡粥里的"缔子"，要剁到最细的"茸"那个级别。所谓的"末"和"泥茸"如何区分呢？"末"看起来是细了，但用手指拈捏起来，还是会感觉到有点颗粒感的；而"泥茸"则要求细腻无比，用手指拈捏时完全没有颗粒感。

但不管怎么说，用手指来拈捏，终究误差太大，要想精准把控"缔子"的细度，须将鸡茸过个细筛。

鸡茸过筛可不像筛面粉那么简单。因为面粉是粉状固体，而鸡茸可是膏状的半流质固体，筛网是滤不过去的。这就需要将鸡茸先用少许清鸡汤瀌开，然后将稀释开的鸡茸倒在筛面上，用勺在筛面上不断推揉，将鸡茸"挤"到筛面下去。筛不过去的那一部分，还要再次剁细。

这里要敲一下黑板了——不是鸡茸子过个筛就完事。这个鸡茸子只是细度达标了而已，你要是将它直接下锅，还是有一堆问题的。因为鸡茸子说到底还是一堆鸡肉，鸡脯肉的蛋白质在变性时，口感是很容易"柴"的，这是因为鸡脯肉里面缺少脂肪的缘故。不少大专院校烹饪系的《烹饪工艺学》教材上都写着"加入适量肥膘茸"这样的话。但泥茸工艺的这个"万能公式"不宜用在这里，至少不是最佳解决方案。因为肥膘无法与鸡脯肉互补融合，而它的脂肪降解又需要长时间的文

鸡脯肉细剁成茸

手勺斜过来才使得上劲

"打鸡粥"是硬功夫

"鸡粥"首先要像"粥"

火，但鸡脯肉却经不起这样没心没肺的加热。

那怎么办呢？

这里就要提到淮扬菜厨师先贤们的劳动智慧了。他们先用适量的蛋清搅进过筛后的鸡茸，使蛋清与鸡茸均匀混合（不可以打发出泡沫来），这样，细小的鸡茸粒子就多了一层蛋清的保护，吃起来口感就不那么涩口了。但这还不够，鸡脯肉毕竟味薄且易老，这就需要再补进点有味且润滑的辅料，既然不宜加肥膘茸，那加什么才最好呢？

——用大量葱姜熬出来的鸡油！当然，鸡油也要均匀地打散进鸡茸。

嗯，这里还有最后一个松紧带般的调节器，那就是是否在预处理的时候，在鸡茸中加盐。加了盐，鸡茸子会上劲，对味感有益，这种骨子里头的鲜美往往会被业外人士形容为"鲜甜"（业内则称为"甘鲜"）。但矛盾的另一面是，上了劲的鸡茸子相对较为黏稠，在下了锅以后，更难散开，一不小心就会在锅里变为成团的疙瘩，因此这对火候和手势的要求就更高。

对鸡粥类菜式而言，盐在什么时候放下去，细说起来名堂还不少——预处理时放，效果最佳，但难度也最大；烹饪时放，难度适中，效果也适中；而成菜前再放，难度最小，效果也最差。一般业内人士都要求，在做到"形似白粥"的前提下，根据厨师的操作熟练程度来决定。

放盐这一步，只有境界高下，没有对错之别，这也是菜谱上无法写下的原因。

鸡粥最大的难关，在于下锅后的手势和火候的把控。

将锅中清鸡汤烧开，左手将鸡茸吊成一条线注入锅中，右手用手勺不断搅动。这一步要分解成"慢动作"来讲解——

首先，这口锅一定要清爽。这可不是一句可有可无的废话，它可是直接关系到鸡粥成形的。因为锅底如果不清爽，就不够平滑，那些肉眼看不到的突起和沟壑，会让你操作起来极度不爽，你会发现你控制鸡茸成形的那个控制力被生生地打了个折扣。这和你切肉时，刀不够快的感觉比较近似。

所以锅要洗得干净、涮得彻底、炕得到位。这是磨刀不误砍柴工。厨房里一般不会用烧菜的锅来做鸡粥，一般都会取滑炒菜的那口锅（这是光滑程度最高的一种锅）。

其次，锅中的鸡汤放多少，决定最后的稠厚程度。鸡汤放多了，鸡茸就相对偏少，最后鸡粥必然太稀，反之亦然。这个"度"，厨师要事先把握好。

再次，鸡茸下锅之后，看得见的是右手手勺的不断搅打，但看不见的是下面的火到底多大，搅打的速度与下面的火候是完全关联在一起的。火大，则鸡茸凝结得快，那么手势也要快；火小，则鸡茸凝结得慢，手势相应也要慢下来。一切以鸡茸下锅后，那个蛋白质变性的快慢程度为中心。具体操作时，眼睛要盯紧了看，这才是指挥中心。厨师要控制到它刚好能够凝结成白粥般的模样（控制疙瘩的大小在"碎米粒"状）。

这里还有一个不易被察觉的细节，那就是手勺在锅里划圈一般地搅动时，它的勺口不是平的，而是歪斜着、紧贴着锅底划动的。因为如果勺口平放，那么圆球形的勺底只有一小部分能控制鸡肉蛋白质变性的程度，只有当手勺斜过来时，勺底与锅的接触面才比较大，勺口才便于摁碎那些还不牢固的疙瘩，并可控制疙瘩的大小。

鸡茸的细度、鸡汤的多少、火候的大小、搅动的快慢、手勺的力道……这些因素是互相纠缠的，只有当一切都符合鸡粥成形的规律时，才会有效地最终凝结成"形似白粥"的模样。如果某一个步骤做不到位，那就失败了……

最后一步就是勾芡，菜谱上一般不写这一步的细节，你用常见的玉米淀粉来勾芡也没什么问题。但是，用湿芡粉来勾芡，虽然最终也会糊化，但那种质感跟真正的白粥比起来，还差了那么一小口气。这口气差在哪里呢？具体来说，就是生粉中的淀粉基本上都是直链淀粉，而白粥的粥汤里的淀粉最好是支链淀粉，知道粳米白粥与糯米白粥的区别吧？是不是糯米粥看起来会更稠滑一些？"粥感"会更饱满一些？

所以，追求鸡粥境界的师傅，会在打湿淀粉时，在芡粉中适量地兑入一定比例的糯米粉，这叫作"追稠"。这就是鸡粥这道菜最后的点睛之笔。

蹄筋或其他"俏头"，其实早已经过另外的加工工艺处理好了，鸡粥打好了，加进去就是，这个不细表了。

好啦，花这么多笔墨来谈鸡粥的工艺细节，其目的只有一个，那就是帮助读者更好地理解淮扬菜的"缔子工"美在何处。

什么叫"处处匠心，了无匠气"；什么叫"心手交融，天人合一"；什么叫"虽由人作，宛自天开"；

一道鸡粥，就足以见微知著了。

行文至此，您可能会有疑问，鸡粥如此美妙，为什么很多人没听说过淮扬经典菜里居然还有这道名菜呢？

一方面，这道菜工艺难度极高，市面上几乎见不到；另一方面，鸡粥菜式到底怎么定型，至今还没有一个定论。

争执之一是，鸡粥是否需要带"俏头"？

带"俏头"的好处是明显的，带了"俏头"，它看起来就更像是一道高档的"菜"，否则很可能会让食客"莫名其妙"，甚至"有眼不识泰山"。此外，一目了然的"俏头"的档次（比如"花胶鱼肚"或"辽东刺参"），也会给平淡的鸡粥抬高身价。

而不带"俏头"，上述一切都反了过来。只有当食客本身具有相当高的文化品位和鉴赏水平时，这道菜才会物有所值。但问题是，懂行识货的食客能有几个呢？不带俏头的这道鸡粥又应该如何定价呢？到底是卖菜还是卖情怀呢？

重要的是"鸡粥"而不是"蹄筋"

鸡粥该怎么摆盘 是个问题

争执之二是，如何装盘？

不同的认识层面，决定了不同的装盘思路——

其一，采用平盘来装，这样"俏头"可以一目了然，看起来也更像是一道名贵菜式，但这样看起来就那么不像"粥"了。

其二，用汤盅来装，为了更好地体现"于无声处听惊雷"的艺术效果，把"俏头"埋在鸡粥下面，或者干脆就没有"俏头"，这才有"平中出奇"的淮扬风骨。

如何取舍，在这里其实已经不只是厨艺水平的问题了，它涉及更为深入的"以何为美""如何才美"和"怎样更美"的理念。

"鸡粥"到底该长成什么模样？至今定不下来，乃至于鸡粥菜式得到有限的机会亮相时，也是各不相同的。这还怎么去宣传推广呢？

如果是你的话，在"工具理性"与"价值理性"之间，你会如何取舍呢？

芙蓉鱼片

"芙蓉"和"鸡粥"是淮扬菜"缔子工"中的一对"并蒂莲"。它们都是淮扬菜厨师烹饪技艺高下的一块"试金石"。

上好的芙蓉鱼片，装盘清新素雅，每一片都形似柳叶，色泽洁白如玉，表层汁明芡亮，细腻光滑。这道菜的口感之妙，在于鱼片细嫩，略带弹滑，入口即化，而它的味道清新淡雅，细细品尝，会有一种鱼肉独有的鲜香。

"芙蓉"和"鸡粥"一样，做出来也还不算太难，但难就难在"境界"二字。这就有点像写字，字要写得让人认得出，不难，但要想把字写到右军大令、欧颜柳赵的水平，那可就太难了。

淮扬菜宴席桌上的"炒菜"，其地位有点相当于大型音乐会上的"器乐独奏"，这个宴席桌上的"永远的配角"，一般都是属于"炫技派"的。比如——

芙蓉鱼片。

"芙蓉"和"鸡粥"是淮扬菜"缔子工"中的一对"并蒂莲"。它们都是淮扬菜厨师烹饪技艺高下的一块"试金石"。淮扬菜中，"芙蓉"类的菜式有很多，比如——芙蓉鸡片、芙蓉鱼片、芙蓉虾片、芙蓉鲫鱼、芙蓉蟹斗、芙蓉海底松、清炖鸡孚、莲蓬豆腐……

在芙蓉类菜式中，"芙蓉鱼片"只是个代言人。因为比起更为知名的"芙蓉鸡片"，鱼肉的质地相对较为"服帖"，而鸡肉处理起来难度更高一些。

所谓"芙蓉"，是指以蛋清为主要辅料，将不同主料处理成泥茸后，均匀搅入打发成不同程度的蛋清芙蓉中去，最后再经过或清蒸或水氽或油焙等工艺进行定型。

所以，淮扬菜中的"芙蓉鱼片"，与人们常见的酸菜鱼里的鱼片有所不同。它并不是用芙蓉花瓣去炒鱼片，而是把鱼肉经过"缔子工"的深度加工，再处理成芙蓉花瓣的模样。这种"不是天然，胜似天然"的烹饪技法，就是"虽由人作、宛自天开"。

上好的芙蓉鱼片，装盘清新素雅，每一片都形似柳叶，色泽洁白如玉，表层汁明芡亮，细腻光滑。这道菜的口感之妙，在于鱼片细嫩，略带弹滑，入口即化，而它的味道清新淡雅，细细品尝，会有一种鱼肉独有的鲜香。

芙蓉鱼片必须趁热品尝，宜用筷子配合着将鱼片夹到调羹中，整片入口，细嚼慢咽。其鲜嫩爽滑，妙处难与君说。

有人说，淮扬菜，就是把普通菜做成普通人吃不起的模样。

这虽然只是一句笑谈，但话糙理不糙，在不明就里的人看来，事实好像的确如此。但很少有人问一声，淮扬菜为什么要这么不厌其烦地"把普通菜做成普通人吃不起的样子"呢？

老子有句名言："天地不仁，以万物为刍狗"。这句话说白了就是：老天爷本身没有什么"仁爱之心"，他老人家对万事万物的态度都是一样的，对待万物就像纸扎的祭祀品一样，不存在厚此薄彼。

天下可食用的食材当中，只有极少数的一部分，是完全符合人类饮食的审美要求的，比如法国黑松露、黑海鱼子酱、北极银鳕鱼、南海苏眉鱼这些。其余的绝大部分食材，用人类的眼光来看，都是优点与缺点并存的。这就是现实。

但是，当我们无法自然获取这些天造地设的大美食材时，难道我们就过不上美好的生活了吗？

当然不是，从夸父逐日到精卫填海再到愚公移山，农耕文明下的中国人，有的是"敢教日月换新天"的本领。

西餐与中餐最根本的区别，就在于审美的角度不同。西餐根植于海洋文明和游牧文明，那是以掠夺和杀戮为主要获取方式的一种文化；而中餐根植于农耕文明，那是以内源式深度开发为主要获取方式的一种文化。

这里我们拿"芙蓉鱼片"来举个例子，具体回答一下为什么淮扬菜要这么做——

民国才女张爱玲有句名言："人生有三恨，一恨鲥鱼多刺，二恨海棠无香，三恨红楼未完。"其实多刺的可不光是鲥鱼，淡水鱼中，往往越是鲜美之鱼，小刺也就越多。

看看，矛盾来了吧。

再往下看，鲜美之鱼，往往只是味道很好，但其口感却并非上佳。拿现在禁捕的长江刀鱼为例，刀鱼的细刺尽管可以想办法去净它，但刀鱼肉本身脂肪含量少，稍蒸过头，肉质便不够细腻。长江三鲜的刀鱼都是如此，就别提其他更普通的淡水鱼了。

白鱼

天下本没有十全十美之物，但爱美之心，却是人皆有之。

对于一条鱼来说，不同的审美境界，决定了不同的烹饪技法。在普通人看来，用各种调味料将鱼进行恰当的烹调，如果味道还不错，那么这条鱼就已经很美了；但在追求"止于至善"的中国文人看来，食物的味道如同人的气质，有外在与内在之别。外挂之味如同华服鲜衣，而内在本味，方为风骨灵魂。这就是中华美食林各帮各派中的顶级菜式，往往都是咸鲜味的原因。

那么，怎样让一条常见的淡水鱼，变成文人心目中的"美食"呢？解题思路很清晰——

先将鱼肉去皮去刺，处理成鱼茸；然后再通过各种手法，使这堆鱼茸的口感和造型更符合中国人的审美情趣。

这就是"芙蓉鱼片"这道淮扬经典菜的菜肴设计理念。

不过，知易而行难。"芙蓉鱼片"到底是怎么做出来的呢？那得另起一行了。

"芙蓉鱼片"中的鱼，取料范围很广，一般鲜美的淡水鱼类都可以。但如果细究下去，则刀鱼、鳡鱼为上，鳜鱼、鲌鱼为中，青鱼、花鲢为下。刀鱼、鳡鱼为长江禁捕鱼类，我们这里以适中的鲌鱼肉为例。

将鱼肉排松

鲌鱼平时多生活在流水及大水体的中上层，游泳迅速，善于跳跃，以小鱼为食，是水中的凶猛性鱼类，人送外号"浪里白条"（《水浒传》中梁山好汉张顺的绰号就是由此而来）。

刮肉摸刺

鲌鱼肉质白而细嫩，味美而不腥，一贯被视为上等佳肴。鲌鱼之上品，称为"翘嘴红鲌"，其嘴部、鱼鳍和鱼尾均呈红色，这是肉食野性的标志。

鲌鱼属鲤科鱼类，比起刀鱼和鲥鱼来，它的肌间刺少多了，但要把它处理成鱼茸，也还是有不少麻烦。

这就不得不提到淮扬菜拆骨工中对付淡水鱼小刺的一种独特手法——摸刺！

所谓"摸刺"，是指将鱼去皮去主骨去胸刺后，放在案板上，以刀根部位从前向后刮取鱼肉，当刀刃上刮出碎鱼肉后，用左手拇指沿刀刃抹下，顺势用左手五指去摸捏碎鱼肉，如果其中间杂有小刺，则随手拈出，这样，刮下来的鱼肉，就不会有细刺了（这种"摸刺"法对付一般的鲤科鱼类可以，但像刀鱼这样鱼刺又细又小的鱼来说，还要有更为精细的"摸刺"法）。

须强调的是，鲤科鱼类，其主骨脊背处的鱼肉是带着红色的，这一块称为"红肉"，刮鱼肉前最好剔除它。

别以为这堆没有细刺的碎鱼肉就是"鱼茸"了，它还远远没有细到"茸"这个级别呢。

你可能会说，那就把它再剁一会儿呗。

等一下——你把它放在哪里去剁呢？

在一般人看来，将鱼肉细剁成茸，当然是要在砧板上去剁。但这道菜却最好不要在砧板上直接去剁。因为厨房里的那块砧板往往是切剁过很多葱姜蒜等辛辣辅料的，如果碎鱼肉直接拿上去剁，抄刮鱼茸时，必然会混杂着一股难以言表的"砧板"味。对于这道几乎纯粹用于"细品"的菜式而言，这种味道上的混沌，就必然不够"清纯"，甚至会让人败兴。

那么，难道不用砧板来剁吗？

倒也不是，砧板还是要用的，只是要在砧板和鱼肉之间，加嵌一大块新鲜的猪肉皮，将猪皮皮面朝下、肉面朝上，并将肉面肥膘刮剔清爽。有了这块猪皮的阻隔，那就不用"投鼠忌器"了，放心大胆地去剁好了。鱼肉的肉质纤维很松，轻轻地剁，不时地揭，细到用手指拈捏起来无渣感就可以了，它也不需要过筛。

当然，现在一般都是用料理机去打碎了，不过仍然要再强调一下，刀口会发热的，鱼肉比鸡脯肉更容易受热变性，所以打一会儿，要停一下，等刀口冷下来，再接着打。

下一个重点，是要加入适量的同样细腻成茸的生肥膘，并将两者均匀混合起来，再加盐将其搅打上劲。芙蓉鱼片的鱼缔子就算做好了。

接下来是一个关键问题，那就是蛋清的打发。

将三根筷子倒过来抓，用方的一头在蛋清里不断搅打，蛋清就会形成泡沫。继续搅打，泡沫就会越来越细腻且开始上劲，如果打到"全发"，那就完全上劲了，你可以把筷子直接插到那一堆细如雪花膏一般的泡沫里去，筷子能直立起来。这就是"打芙蓉"。

不过要将蛋清打到"全发"这一步，还真的是个体力活，因为如果中途你的手臂累得没力气了，停下来的话，蛋清的泡沫就会瀣掉。你得一刻不停地将它打到需要的程度为止。

为啥要提"你需要的程度"这句话呢？

因为在实际操作中，很少有菜肴会用到"全发"程度的"芙蓉"，它们一般都需要不同程度的"半发"。中国菜里，一提到"半"，那就有点玄了。

具体到芙蓉鱼片来说，鱼茸子和芙蓉蛋清混合起来后，它就有了许多细密的孔洞，这样经过定型，吃起来口感就会更加细腻。但这个细腻的程度是有讲究的，如果完全没打出"芙蓉"来，那么等于是在鱼茸里加了点蛋清，这种口感像水煮荷包蛋；而如果"芙蓉"打到了全发的程度，那吃起来口感又像空洞无物的棉花糖。

"芙蓉鱼片"所要求的"半发"，是指它的质地既不可以是实心的，但又要控制好空心的程度。最佳口感是要求鱼片细腻中微带弹滑。

嗯这又是一个难以量化的地方。这下你就知道为什么照着菜谱做菜，永远做不成大师了吧。

好啦，下一步是在油锅里将鱼片定形。

用三只筷子的方头打蛋清芙蓉

半发"芙蓉

"养油"的油温可以用手指试

芙蓉鱼片"养"至定型

温润如玉的芙蓉鱼片

　　将油锅烧到三成左右，用手勺舀起混合好的芙蓉鱼缔，勺口向下轻轻抖到油锅里去，并顺势在油里一拉，这样手勺里的鱼缔子才会顺势拉成"柳叶"状（有人也称花瓣状）。在温热的油锅里，表层的蛋白质会迅速变性并固定成形。这一步，业内称为"养油"。

　　"养"是什么意思？你细品一下，就知道油温该怎么控制了。

　　当柳叶片状的芙蓉鱼片都在油锅里定好形了，用漏勺捞出。这道菜的半成品这才算做成。

　　最后一步是滑炒，先将配料下锅炒匀，甭管它是什么青红椒、黑木耳还是冬笋片，这些配料都无可无不可，只要颜色各异就行。然后推下鱼片，勾个玻璃芡就可以出锅装盘了。

　　"芙蓉"和"鸡粥"一样，做出来也还不算太难，但难就难在"境界"二字。这就有点像写字，字要写得让人认得出，不难，但要想把字写到右军大令、欧颜柳赵的水平，那可就太难了。

浇切虾

很多人可能压根儿就没听说过淮扬经典菜里，有这么一道叫作"浇切虾"的菜式。
更有甚者，很多权威菜谱甚至把这道菜的菜名，错写成了"交切虾"。
须知那些听起来如雷贯耳的经典大菜，只是一席佳宴的底子，真正决定宴席档
次的，恰恰是这些看起来不太起眼的"大头兵"菜式——"过口菜"。
"过口菜"口感上必须做到"别开生面"，或酥或脆或嫩或滑，总之口感上要极
致到让人眼前一亮；而它在造型上必须让人"饶有兴致"，或象形或仿生或多趣
或别致，让食客有感叹、互动和联想的空间。

浇切虾是淮扬菜宴席桌上的配角，这一类配角菜式在淮扬菜中，有一个统一的说法，叫作"过口菜"。

一席佳宴，往往以"镇桌头菜"为帅、"浓口大菜"为将、"各色过口菜"为兵卒，不同菜肴的不同口感、味感才会互相搭配，互相呼应。如此依次上桌，方可使一席佳宴如同一首波澜起伏的交响曲般，形成一种味觉艺术上的节奏顿挫。

大凡宴席，一般都会有喜宴、寿宴、烧尾、尾牙等不同的主题。这个"主题"往往决定"头菜"，"头菜"的要求如前所述"造型须先声夺人，厨艺须细腻精湛，吃口须艳压群芳"。其次，席上须根据不同的时令，安排几道应时应景的时令大菜。

而不管你准备采用怎样的规制，淮扬菜宴席桌上，总是离不开像醋熘鳜鱼、红烧狮子头、扒烧整猪头、大烧马鞍桥这样的浓厚大菜的。如果不讲上菜顺序，将大菜一道接着一道地上桌，食客必然会产生味觉上的审美疲劳。所以，在两道浓墨重彩的大菜之间，必须有一两道放松心情、调节节奏的小菜来舒缓一下宴席间的情绪。

具备这种功能的菜式，业内就统称为"过口菜"。

与那些"头菜""大菜"相比，"过口菜"一般都是些不显山不露水的"清淡小菜"。

但，请注意——

千万不要看不起这些作为配角的"小兵喽啰"。**须知那些听起来如雷贯耳的经典大菜，只是一席佳宴的底子，真正决定宴席档次的，恰恰是这些看起来不太起眼的"大头兵"菜式。**

这是因为宴席的档次，也会有一种"水桶效应"，而这只水桶中最短的木板，往往就是作为配角的那些"过口菜"。只有当作为配角的"过口菜"的档次提升上去了，整桌宴席的档次才能水涨船高。

如果把宴席办得简单点儿，那么炒猪肝、炒鱼片、炸仔鸡、炝青螺、凤尾腰花、白切肚头这些菜式，都可以作为"过口菜"放上宴席桌，来调节一下味觉节奏，这种做法当然没有错。

但是——你没觉得缺了点什么吗？

菜肴造型上不需要考虑雅俗之别吗？菜肴设计上不需要体现匠心独运吗？口感、味感上能对那些主角菜式起到承前启后、烘云托月的作用吗？

如果把整桌宴席视为一篇文章，那么"过口菜"就是总体布局上的"留白"，这个留白是不是需要点惊喜意外？是不是需要点情趣意境？是不是需要点想象的空间？

所以，"过口菜"虽只是个"配角戏"，但"配角戏"该怎么去唱，同样有一套原则和要求。

首先，从宴席全局的角度来看，"过口菜"的味觉色彩不宜喧宾夺主，一般以咸鲜味为主，间或有椒盐、糟醉、蜜汁等不算浓厚的味型，也就是说，它不以味感而取胜。

但是，它必须在口感上和造型上把文章给做足。

口感上必须做到"别开生面"，或酥或脆或嫩或滑，总之口感上要极致到让人眼前一亮；而它在造型上必须让人"饶有兴致"，或象形或仿生或多趣或别致，让食客有感叹、互动和联想的空间。

这可不是闲极无聊的发呆。须知中国人的宴席，往往有许多非正式场合的社交功能，很多公众场合不便明说的事情，于推杯换盏之间就能轻松搞定。而在淮扬菜宴席上，当宴席的第一段小高潮过去之后，"过口菜"一上，大家就知道，那些不宜在大庭广众下讲的话题，这时可以开始聊起来了。而这时候的"话媒子"呢，最好就是眼前的这道颇具"闲趣"的"过口菜"。只有当这道小菜别开生面、饶有趣味时，食客才有感好发，才有话好引，才能使这种"借题发挥"式的试探自然而不失分寸。

所以，"过口菜"最好要宜细品、宜感慨、宜生发。"方寸之间，别有洞天"，"即小见大，芥纳须弥"——这就是"过口菜"的精妙之处。

如果没有这番题外话，你很可能不会理解鸡粥蹄筋、芙蓉鱼片、锅贴鳝背、干炸兰花、三丝炒鸽松、夜来香汆鸡片……这些菜式为啥要"把普通菜做成普通人吃不起的样子"。从清朝中叶那会儿起，**这些"既不下饭，也不下酒"的只宜单品的菜式，就是因为这种引发话题的"媒介"功能而催生出来的，这种宴席桌上的做派，被称为"扬盘"。**顺便说一句，"扬盘"这个词江南一带至今还在使用，但它被改成了"洋盘"，意思就是"中看不中用"。

      这一回，我们要讲的"过口菜"，是"浇切虾"。

很多人可能压根儿就没听说过淮扬经典菜里，有这么一道叫作"浇切虾"的菜式。更有甚者，很多权威菜谱甚至把这道菜的菜名，错写成了"交切虾"。

那这到底是一道什么样的菜式？它又凭什么能够上得了顶级淮扬菜的大雅之席呢？这得从这道菜的原形——"浇切片"那里说起。

所谓"浇切片"，原是茶食中的一种。所谓"茶食"，乃品茗时的佐助食品。一壶好茶当前，茶汤由浓而淡，而话题则由浅入深。此时若只有清茶一盏，未免寡淡，而有了三五碟精美茶食点缀茶席，则仪式满满，主宾之间，或敬茶或让食，方得品茗阔论之闲趣。

如今人们往往把茶食也称为"糕点"或者"点心"。但在以精细而著称的扬州，茶食与点心虽然有很多相似之处，有一点却是根本不同的，那就是"点心"一般是可以让人吃饱的，但"茶食"却万万不可，它必须是吃不饱的。此外，茶食作为佐茶的小食，还必须兼有"量轻、形美、味淡、意禅"的要求。

而所谓"浇切片"，是一种薄薄的芝麻糖片，因其酥、香、薄、脆而成为上佳的佐茶小点。在京果、桃酥、董糖、薄荷丁、金刚脐、

摄影 周泽华

蜜三刀、雪片糕等诸多扬州特色茶食中，浇切片是最受欢迎的精细茶食之一。与浇切片相配的，往往是西湖龙井、太平猴魁、君山银针、东山碧螺春这样的上等绿茶。

浇切片这种茶食的制作工艺是，先将饴糖熬化成糖浆后，趁热浇进炒熟的芝麻里拌匀。等糖浆冷却到半软半硬之间时，再将其切成薄片。因其技法是先"浇"而后"切"，故名之为"浇切片"。多提一句，"浇切片"这种茶食流传开来以后，很多外地人看不懂"浇切"为何意，便自说自话地将其改成了"交切片"，令人啼笑皆非。

那么，"浇切虾"是道什么菜？它跟"浇切片"又有什么关系呢？

"浇切虾"也是一道"以荤托素"的菜式，只不过，它模仿的不是人们常见的素菜，而是以虾肉为主料来仿制茶食中的"浇切片"，所以名为"浇切虾"，就这么简单。

要想在宴席桌上做好这个打开新话题的"话媒子"，"浇切虾"这道菜就必须具备两个硬指标——

其一，它看起来必须长得和茶食中的浇切片极为相似。

其二，它吃起来必须具有远胜于"浇切片"的松脆的那种外酥里嫩的独特口感。

当这道菜具备了这两个前提后，你就有话好说了。你可以让大家先看，再尝。等大家都吃完并赞叹完了之后，你就准备把话题从浇切虾往"你们家那点儿事"去引吧！浇切虾这道小菜的"任务"这就算是正式完成了。

且慢——

有的读者可能会问，在鸡粥蹄筋那篇文章里，你不是刚刚提过"以荤托素"这篇文章不好做嘛？那么，

搨虾仁

剁虾茸

虾茸搅上劲

将虾茸在腐衣上抹平

这道浇切虾难道就好做啦？

这就要看食客们对于这道菜吃完以后的兴奋度如何了，如果大家都感到好奇，笔者的介绍可能还要再多一些——

在淮扬菜中，"缔子工"的用途主要是为了菜肴造型上的出新出奇。但天然食材往往有着它固定的样子，它不易于人们引发相关的联想。所以人们才会想到将天然食材打散，这样才便于重新进行组配。浇切虾也用到了缔子工，但相比于鸡粥来说，它的工艺制作难度没有那么高。

浇切片的外形虽然会让人产生与茶食相关的联想，但浇切虾那可是有糖浆作为黏结剂的。而在以咸鲜味为主的食材里，我们找不出一种像糖浆这样的辅助材料，那怎么办呢？咱们就得人造一种新食材来对付它。

将一张豆腐油衣用温热的毛巾焐软，将虾肉处理成虾茸（手法可参见《芙蓉鱼片》一文），加葱姜汁、绍酒去腥增香，再加精盐打匀上劲，然后加入鸡蛋清和湿淀粉调匀，这样虾茸就处理好了。将虾茸塌在豆腐衣上摊平，再抹上薄薄一层蛋清生粉糊，这层虾茸外面就有了黏性，然后再均匀地撒上一层熟芝麻，这就看起来像个整张没切散的浇切片了。最后翻过来，把另一面也做同样的处理。这个浇切虾的

一面撒上黑芝麻

另一面撒上白芝麻

用刀拍实芝麻

文火干炕生坯

冷油下锅 慢慢升温

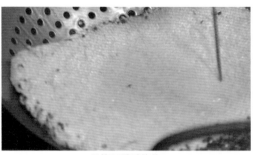

用签子戳破泡泡

改刀成块

每块沿对角切成三角形

生坯就做好了。

再接下来，是将这一大块生坯放在油里炸熟炸脆，最后再沥去余油、并切成像浇切片那样的块型，浇切虾就成了。

这道菜有几个烹饪工艺细节需要交代一下。

其一，虾茸子是内层嫩滑的关键，所以，葱姜须取汁而不可取末；而蛋清和湿淀粉只是黏结剂，不可过多。

其二，油炸最好分成三步来做。第一步，将生坯在放了少许薄油的锅底里先晃锅"炕"它一下，让它定个型；第二步，在锅里下入冷油，让油慢慢升温，先养再炸（这一步也可以换成将油先烧至温热，再下定好型的生坯去炸），直到炸至表面芝麻完全定型捞出；第三步才是真正的油炸，捞出的生坯冷却下来后，再将其推入五六成热的油锅里复炸，直至炸到芝麻出香，外皮酥脆。

　　要说它有点什么难度呢？它的难度主要就难在对付虾茸子里面的水分了。

　　因为虾茸里含有较多的水分，如果直接下滚热的油锅，那么生坯受剧热后，会迅速失水，生坯会一下子鼓胀失形，完全在油锅里乱成一团糟。

　　所以，得慢慢来，先用最薄的一层油，近乎"干炕"，把它的表层先烘得服帖一点；然后向锅里注入冷油（建议采用这种手法，相对保险，冷油虽然会使生坯吸油，但油温一上来，它还会再吐出来的，这和面点里的"炸眉毛酥"一样）。随着油温逐渐升高，虾茸里的水分还是会作怪的，它会使表皮不断地鼓出大大小小的包来。不过，因为升温较为缓慢，所以你有的是时间去对付它。你可以用一根长长的竹签子，见哪儿鼓起一个包来就扎破一个，这样它又会平复下去，直至最后，完全定型。但定型之后，芝麻还是不够香，所以要捞出来，等它冷透了，再入去复炸，这样芝麻还来不及炸焦，外酥里嫩的口感就成了。接下去就可以沥油、改刀、装盘了。

总之，这道看似油炸的小菜，其实是道文火菜，它得慢慢来，慢慢地做通那些水分的"思想工作"，虾茸里的水分"服了"，你才算"降伏"了这道菜。

厨房里的火候控制，就是人与天的对话，只有你先"顺天"，菜肴才会最终"应人"。

锅贴鳝背

缔子工把食材处理成了泥茸制品，而泥茸制品不同于天然食材的最大优点，
在于它的可塑性大为提高。锅贴类菜式，就是缔子工的又一妙用。
在高档宴席上，像"炝虎尾""炒软兜"这样的菜式，仍然有失于粗放，
它是对原材料的直接加工。鳝背之美，缺乏烘托、陪衬和对比，
它的"尊崇地位"也就无法彰显。
于是，这种名为"锅贴"的烹饪工艺就有了大用场。

这一回，咱们讲"锅贴鳝背"。

和"芙蓉""鸡粥"一样，"锅贴"也是一种特色烹饪工艺。换句话说，在淮扬菜里，锅贴类的菜式有很多，我们只是拿锅贴鳝背来举个例子罢了。

前文我们谈到的芙蓉鱼片是纯粹的缔子工，而在浇切虾中，缔子工只是一种辅助的黏结剂，为什么我们要在一大堆缔子工的菜式中列举这两道经典菜呢？你有没有注意，这种被称为"缔子"的新食材，本身是否可以成为一种辅助菜肴造型的"天然黏结剂"呢？如果这一步打通了，那我们是否又有了可以进一步改造天然食材的空间？

缔子工把食材处理成了泥茸制品，而泥茸制品不同于天然食材的最大优点，在于它的可塑性大为提高。锅贴类菜式，就是缔子工的又一妙用。

"锅贴"这种烹饪工艺极有可能首创于鲁菜之中，因为鲁菜中以"锅"命名的特色烹饪技法可是成系列的，它们分别为"锅贴""锅塌""锅烧"和"锅爆"，合称为"鲁菜四大锅"。所以，极有可能淮扬菜是借鉴了鲁菜的技法，对锅贴技法进行了二度创作。但是因为缺乏直接的史证，此说仅为推论。

锅贴类菜式，一般和芙蓉类菜式有着相似的功能，它们都是宴席桌上点缀气氛的"小品"，也是淮扬菜中的"过口菜"最常见的一种设计方式。先来谈一下锅贴这一类"过口菜"的设计思路。

我们说过，"过口类"菜式，往往需要在菜肴的口感和造型上别开生面、饶有趣味。锅贴类菜式也是如此，在菜肴造型上，它一般分为三层，最上层为该道菜的主料，底部是个底托，而中间层一般为黏结料。

锅贴菜式的文章，一般是围绕着最上层的主料而展开。什么样的原料可以放在锅贴菜式的顶层呢？它们往往都是通过"分档取料"的方式，从某种天然食材中优选出来的最佳部位，比如黄鳝的鳝背、鸡肉的鸡脯、羊肉的里脊等。

具体到黄鳝来说，通体黝黑的鳝背是黄鳝身上最为肥美细嫩的部位，按分档取料、因材施技的原则，它应该被分离开来，单独用恰当的烹饪方式去处理，于是淮扬菜里就有了"炝虎尾"和"炒软兜"这样的菜式。

但是在高档宴席上，像"炝虎尾""炒软兜"这样的菜式，仍然有失于粗放，它是对原材料的直接加工。鳝背之美，缺乏烘托、陪衬和对比，它的"尊崇地位"也就无法彰显。于是，这种名为"锅贴"的烹饪工艺就有了大用场。

"锅贴"一般只煎一个面，两面都煎的，那是"锅塌"。因为鳝背吃的就是一口细嫩肥美，所以它一般不宜再经水火考验了，而底托则负责提供香酥爽脆的口感，从而给主料提供恰到好处的反差对比。但两者之间是不能天然结合到一起去的，所以还需要某种"缔子"作为黏结物。这样一口下去，底部爽脆、中间软糯，而最上层的鳝背的那种细嫩肥美就凸显出来了。

搇虾仁

剁成虾茸

肥膘剁茸

这样，主题突出、造型自然、口感丰满、味感细腻，这道菜就比普通黄鳝菜式更为超凡脱俗。

不过，这只是锅贴菜式的菜肴设计理念而已，要想最终把设计思路一一落实，在具体操作上，还有许多细节有待推敲。

先来说底托，传统技法中的"锅贴"工艺，一般是猪肥膘作为底托，但肥膘作为底托有两个问题。

其一，质地并非上佳。生肥膘煎过之后容易板结且硬脆，而熟肥膘板在质地板结这一块虽有改善，但一煎之后，仍然偏硬。

其二，不管取用生肥膘还是熟肥膘，它的表面都过于光滑，在晃锅的时候，容易因为互相碰撞而产生脱坯掉底的现象。此为肥膘底托之硬伤。

因为"锅贴"只煎一个底面，所以底托是集中受热的部位，它的功能主要是负责提供一种"酥脆"的口感。所以，后来人们改用咸面包作为底托，因为面包有许多孔洞，缔子上去以后，容易巴得更牢。当然，如改用发酵良好的馒头也可，只是取料不如面包那样方便。

再来说中间那层虾茸缔子，这一层虾茸因为只是起到一种黏结剂的作用，并非用于单独品尝，所以它对于虾本身的质地（打缔子的要求）要求并不高。只需将虾茸、肥膘茸、蛋清、生粉、精盐、葱姜汁打匀，起到承上启下的黏结作用便可。

在具体的操作上，这层缔子的另一个要求是提供相对饱满的味感，因为鳝背和作为底托的面包片都不是显味之物。故而这层缔子的味感最好要饱满一些，否则入口之后，味感会比较寡淡。更直白点说，就是葱姜汁的量要能够"显味"。

最后，我们讲最上面那一层——鳝背（也就是主料）。

锅贴类菜式的设计重点，就在于最上面的那一层主料。如果把这类菜式比作一篇文章，那放在最上面一层的主料，便是这篇文章的"文眼"。所以这个主料，一般是通过分档取料，把各类食材中，口感、味感最容易打动食客的部位，单独取出来，然后，以锅贴这种工艺手法来烘托它。比如：以羊里脊肉为主料的锅贴羊肉，以鸡脯肉为主料的

虾缔子中下入葱姜汁

在面包片上抹上虾缔子

依底托大小切鳝背

锅贴鳝背复合生坯

底部抹湿淀粉方可下锅煎

"锅贴"只煎底面

锅贴鸡签，以净鳜鱼肉为主料的锅贴鳜鱼等。

在锅贴鳝背这道菜中，一切工艺设计均需围绕鳝背展开，所以，它对鳝背的预处理就需要格外精细。黄鳝背部的黑而油亮的鳝背，是黄鳝身上肉质口感最为细腻、丰腴的部位，而黄色的肚档，厚度较薄，且其肉质相对板结（不够嫩），所以淮扬菜中，一般会将鳝背与肚档进行分档取料，黑色的鳝背，一般用来做炝虎尾、炒软兜，而黄色的肚档，则单独取出做白煨脐门。

　　这就需要对黄鳝进行现杀。烫杀黄鳝，是与火候的分寸密不可分的。以葱结、姜片、陈醋、黄酒、盐入水锅，烧开后，将活黄鳝置于布袋中，扔进开水锅中烫杀，去腥气、除黏液，一步到位。

　　这里的分寸尤为重要，须知如果烫的时间长了，则鳝肉容易熘过头，其口感会由细嫩转为糟烂；而如果烫的时间短了，则外熟内生，划黄鳝时，鳝皮容易撕破。

　　黄鳝下入开水锅后，会剧烈蹿动，因为外面有个袋子，所以它难以逃脱，并很快就转为僵硬了，此时关火，以热汤浸熘片刻，业内称为"养熟"。那么如何把握这种火候分寸呢？

　　关火的同时，将布袋里的黄鳝倒进锅里，此时黄鳝全身蜷曲成"O"字形，在开水中"熘养"片刻后，它会从尾巴至头部慢慢由僵直变软化，靠头部的部分仍然蜷曲着。如果拎起尾巴来看，尾部的三分之一到一半都是直的，那就表示刚好，这叫"提尾见直"。如此时划开黄鳝，体内的血刚刚凝固成果冻状，此时鳝背的口感最佳。如果再浸焐下去，鳝血会完全凝固成黑褐色的一条，那时的鳝背，肉质已经失去弹滑，甚至会糟烂。

鳝背划好后，还需要在温热的清鸡汤中浸泡一下，业内称为"套鸡汤"，让鳝背吸收鸡汤的鲜美，同时再精细把握一下这条鳝背的成熟程度。

讲完了这些细节步骤之后，接下来才是菜谱上能够写得下来的内容——

将咸面包切成菱形厚片，然后在上面抹上一层虾茸子，在虾茸层上面，将预处理后的鳝背切成长象眼块，并铺在虾茸上面，这样，锅贴鳝背的生坯就做好了。

再接下来，将锅炝热，热锅冷油，将生坯底托朝下放入锅中煎至定型，淋少量开水，转小火盖上锅盖焖一下，这叫"水油煎"。待底部煎脆，虾茸成熟，即可出锅。

锅贴鳝背，和其他许多精细的淮扬菜一样，是讲究内在的细节和分寸的。上述"提尾见直""套汤入味"等手法，是一种精益求精的做法，而这些做法，都源自淮扬菜的"敬事如神"的祖训。

当然，这些手法，也可以简化，但如果处处都不讲究细节，淮扬菜最后很可能就徒有其形了。窃以为——所有背离"敬事如神"的简化工艺，都应为淮扬菜传人所不取。

摄影 周泽华

第三章

聚物天美"清汤工"

"清"者，不施粉黛、自然天成、铅华洗尽、返璞归真；
"淡"者，隽永悠长、回甘生津、绚烂之极、归于平淡。

淮扬菜以"清淡"见长。但何为"清淡",如今很可能鲜有知味者了。"清淡"不是"寡淡",这就有点像佛家所说的"空"和道家所说的"无",并不是什么都没有一样。

> "清"者,不施粉黛、自然天成、铅华洗尽、返璞归真;
> "淡"者,隽永悠长、回甘生津、绚烂之极、归于平淡。

也就是说,"清淡"这个词并不意味着没有味道,或者味道的"浓度"很"淡"。它只是看起来很简单、清幽、质朴,而实际上则像好酒好茶一样,有着浓郁而悠长的回味空间。

"清淡"这种独特的味觉艺术风格,最佳的表现手法,就是"清汤"。

业界有"唱戏的腔,厨师的汤"这么一说,而这里的"汤",实际上指的是厨房的一种半成品,你可以把它看成一种复合而成的预制浓缩液。

厨房里的汤,有"清汤"与"奶汤"之分(川菜和粤菜里还有"红汤")。这里,清汤为上,奶汤为下。中华名菜中的高档菜式,绝大部分都与"清汤"有关。

所谓"清汤",又分为高汤、上汤、顶汤三个层次。高汤,就是"高级"的汤,鸡汤、排骨汤、牛肉汤,这些都是高汤,高汤当然是比较鲜美的;以高汤为半成品,再进行"膹汤",这样的汤称为"上汤","上汤"就是"上等"的汤,比起高汤来,上汤不仅味道更为鲜美,同时还要求"无油无渣""汤清见底""汤色清亮";而"顶汤",意为"顶级的汤",它是以"上汤"为半成品,再进一步预制。顶汤与上汤在味道上没有区别,它只是在清汤的外观上提出一个终极要求——那就是"无色"。无色的顶汤,是清汤的最高境界,它状如清水却大味天成,返璞归真而芥纳须弥。

什么是厨房里的天道,什么是锅灶里的修炼,什么是味道中的自然，一盏清汤里全都有了。

　　那么，我们结合具体的淮扬经典菜式，来谈一谈清汤是如何在菜式里"任运自然"的。

摄影 周泽华

清汤之道

易经的坤卦中，有这样一句话"见群龙无首，吉"。这里，就是要群龙无首，各显神通，一切都为了那个复合味更鲜美。把自己的味道贡献到集体中去，并有机地复合成为一种妙不可言的复合味，那就是"吉"。

复合清汤犹如一个合唱团，对于一个合唱团来说，并不是把所有嗓子好的歌手凑在一起就可以的，它要讲和声的统一性。美食的道理也是如此，并不是把天下的好食材都统统放到一起去，复合清汤的味道就一定好。得看它们最终是不是能合得来，成为一组味道上的有序的和声。

厨房里的"中庸"就是这样，"中"是无过无不及，而"庸"是淡定的坚守。品一盏上佳的清汤，什么都明白了。

清汤有单清汤与复合清汤之分。

单清汤，如鸡清汤、牛清汤等，指的是用单一食材为主料做成的清汤；而复合清汤则指用多种食材为主料做成的清汤。

先来看单清汤，这里我们以最常见的鸡清汤为例，进行展开。

鸡清汤，不同于通俗意义上泛指的那种"清鸡汤"，它可不仅仅是用一只老母鸡炖出清汤来这么简单的，这里有不少鲜为人知的菜理和妙用。

清汤的外观要求是"无油无渣、汤清见底、汤色清亮"，而味感要求，则是余韵悠长、回甘生津。所以，鸡清汤的要求，就是看起来清清爽爽的鸡汤，它的香气和味道都要具有"穿透力"。

这里的学问和焦点，在于这盅鸡汤在味觉上，必须具有一定的浓度，而浓度取决于"料汤比"。

所谓"料汤比"，简单地说，就是一斤肉料到底能出几斤汤。一般来说，厨房里对清鸡汤最起码的要求是，料汤比1：2。也就是说，一斤鸡肉出两斤鸡汤，一只老母鸡净重二斤半，一般出五斤清鸡汤。如果要再往上高标准严要求呢？那就是料汤比最好达到1：1，也就是一斤鸡肉出一斤汤。

这可不是把五斤汤熬到最后剩下一半，那么干的话，会被老师傅骂死。

正确的做法是，将焯过水的净光鸡一只，加火腿一块，葱结、姜块、绍酒适量，入清水锅中，炖至鸡汤出味。然后，将这只鸡捞出，拆肉做包子（五丁包子要求熟鸡肉切丁作为主料）；然后第二只老母鸡焯过水后，直接下入到这个鸡汤锅中，这样类似于"接力"一般地把鸡汤给炖出来。这样，汤的浓度就会成倍地提高。当然，鸡清汤里还有去沫、去油、臊汤等工序，这里暂且不提。

以清鸡汤为底的著名淮扬菜有很多，比如鸡包翅、汤大玉、文思豆腐、鸡粥蹄筋、芙蓉海底松……这些菜式，都要求清鸡汤的浓度较高。当然，清清汤的浓度讲究到什么程度，那是个良心活，只不过你越是往细里讲究，菜肴的品质档次就越高。当然，如果你按基本要求，用1∶2的浓度，那也没错。

其他的单清汤，原理同上，这里就不一一提及了。

重点我们来讲讲复合清汤。复合清汤不同于单清汤之处，就是用多种主料来炖清汤。

单清汤与复合清汤，在汤菜的用途上，是有小小区别的。如果是鸡包翅、鸡粥蹄筋等需要明显突出鸡的味道的菜式，那么就得用清鸡汤来提味，当然，最好是用等级比较高的清鸡汤；而如果是没有特别要求的汤菜，比如文思豆腐、清汤火方、清汤燕窝，这样的菜式既可以用单纯的清鸡汤为底子，也可以用复合清汤为底子来做。

那么复合清汤又是怎么回事呢？

我们还是要先讲菜理，单清汤中最重要的原理，就是"君臣佐使"，比如鸡清汤，鸡的味道是"君"，那么，最好用点火腿来作为辅佐味觉之"臣"，再加点干贝或者虾籽来为"佐"，而葱、姜、绍酒就是"使"。这样，清鸡汤的"鸡味"，才会凸显出来。

而复合清汤所用到的原理，与之有所不同，它用到了多种主料，这里没有哪一样主料是最重要的，清汤是做菜的半成品，属于辅佐作用的，在易经里，这是"坤卦"。坤卦中，有这样一句话"见群龙无首，吉"。这里，就是要群龙无首，各显神通，一切都为了那个复合味更鲜美。把自己的味道贡献到集体中去，并有机地复合成为一种妙不可言的复合味，那就是"吉"。

天生万物，各有味性不同，对于职业厨师来说，首要的事，就是明白味道之间是如何搭配的，这就有点像画家的调色一样。

关于味道的调味，淮扬菜厨房里讲的第一句话，叫做"味忌单行"，纯粹的五味"酸、甘、苦、辛、咸"，都不宜独用，就像画家笔下的颜色，一般不用纯粹的红、黄、蓝一样。甜味的菜式，不是一味地多放糖就好吃的，糖放得太多，就齁了，同样，酸味的也不能拼命放醋，咸味的也不能拼命放盐。

色彩的"调和"二字，实际上是从烹饪调味里来，只有调理得和谐了，味道才会"中和"。

所以调味学里的第二层原理，是要研究富含不同"味"的这些不同食材的"性"，"性相合"，"味方和"。这个道理其实很简单，我们一般不会把虾仁和牛肉放在一起，也不会把笋子和羊肉放在一起，就是因为它们"味性不合"。

复合清汤犹如一个合唱团，对于一个合唱团来说，并不是把所有嗓子好的歌手凑在一起就可以的，它要讲和声的统一性。美食的道理也是如此，并不是把天下的好食材都统统放到一起去，复合清汤的味道就一定好。得看它们最终是不是能合得来，成为一组味道上的有序的和声。

具体到复合清汤来说，淮扬菜里有"无鸡不鲜，无鸭不香，无骨不浓"这么一说。顺便说一下，关于这句术语，其他帮派各有不同的表达方式，比如无肘不浓等。直白点说就是，你把老母鸡、老公鸭、猪肘子或排骨这三样都放在一起炖，味道会很妙。

当然，既然是复合清汤，只要能形成一个味觉上的统一和声，那么其他在味道上能合得来的料也都可以放。比如，在实战中，我们往往还会加入少量的火腿、干贝或虾籽，这叫"陈鲜互映"；添入适量的猪瘦肉或牛肉，这叫"聚物夭美"，当然，还得有葱结、姜块、黄酒，这些"矫味料"……只是，这些都是辅料，它们都是味道上的绿叶，不要"抢戏"就好。

桶里放入三四倍于肉料的清水，大火煮开，随时撇去浮沫，再用文火炖它三四个小时，撇去浮油，滤出清汤来，这就是复合高汤了，这就完成了第一步，这一步叫作"煮汤"。

煮出来的"高汤"，需要经过"臊汤"，然后方为"上汤"。

需要解释一下何为"臊汤"。

"臊汤"是一个专业术语。指的是用肉末制品，也就是所谓的"臊"，放到滚开的高汤中去，搅拌均匀。这些肉末会在汤中自动地找到那些悬浮着的小颗粒，并将它们吸附上去。最后，这些肉末会像破棉絮一样浮到汤面上来。将这些浮在汤面上的肉渣滤出捞走。这样，不仅汤会更加清亮，而且肉末里的鲜味也会使汤的味道更加醇厚。

这个制作清汤的步骤无法用一个现成的词来形容它，但它又是厨房里最常用的工艺步骤，于是前辈们将之称为"臊汤"。这里的"臊"是名词动词化。有很多人将"臊汤"误为"扫汤"，谬矣！

先从烹饪原料的角度，讲一下"臊汤"的"臊"，用的是哪些肉料。所谓"臊"，有两大基本功能：其一，是将高汤提清，这一点任何一种肉末差不多都可以做到；其二，是暗香赋味，使汤的鲜味更加富有层次。这就不是某一种肉料可以做得到的了。

一般来说，一桶复合清汤，要做到味道上的"群龙无首"，须在煮出来的高汤的基础上，使其味道更为细腻丰满。而"臊"在其中的作用，就如同建筑上的砖雕，它虽不是必不可少的，但它是画龙点睛、更上层楼的。理解了这一点，才好讲臊子该如何取料。

我们每个人都知道，"鲜"是一种妙不可言的味道，而各种不同的原料，都各有不同的鲜味。但是，此鲜味与彼鲜味之间，还是要讲一个和谐的。在这里，除了高汤底子以外，我们还要赋予清汤多种鲜味上的层次，也就是人为地再加上各种"鲜味上的花边"。

首先，要使汤的鲜味更加醇厚。那么什么样的味道会使得味薄之物更为醇厚呢？

——骨头！这就是所谓的"无骨不浓"。

所以，淮扬菜中，往往将拆骨后的鸡骨架，剁成米粒大小的碎骨头（不可漂水），淮扬菜称之为"骨臊"（"骨臊"也称"枯臊"），这是淮扬菜制作清汤时的"秘密武器"。将"骨臊"倒入滚开的高汤中，待骨臊浮起后滤出捞走。

臊子须先粗砸而后再剁

接下来，最常用的还有"红臊"和"白臊"，它们分别指的是鸡腿肉和鸡脯肉剁成粗颗粒的肉末，分别用白胡椒粒煮出的水（滤去胡椒粒），将肉末澥成糊糊状，再将它们分别倒进高汤里去臊汤。

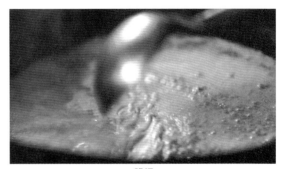
臊汤

一般来说，经过"骨臊""红臊""白臊"这三臊之后，汤色已经清亮无比，味道也鲜美可口了，这样的汤已经如同上好的绿茶那样，经得

臊汤后的臊子可再用来吊汤

起"品"了。那是一种入口鲜美，但回味特别悠长的感觉，你咽下喉咙之后，舌根那里还会不由自主地分泌出唾液来，这就是所谓的"回甘生津"。上佳的清汤，甚至可以在你用清茶漱口之后，还能保留那种愉悦的生津感。

经过几道臊汤以后，"高汤"已然脱胎换骨，不仅色泽更为清

高档汤菜中的上汤

亮，而且味道也更为醇厚。"上汤"意为"上等的汤"，这种复合清汤，已经可以应付绝大多数高档宴席了。

好啦，讲到这里，"上汤"终于讲完了。

最后来介绍一下"顶汤"。

所谓"顶汤"，意为"顶级的清汤"。它与"上汤"的味道是一样的，不同之处仅在于，"顶汤"要求无色。

实际上，复合清汤做到"上汤"这一步，在味道上基本上已经将文章做透了。它只是留下了最后一个小小的缺憾，那就是"上汤"的颜色，还带有淡茶色的一抹清黄。

"发现问题"永远要比"解决问题"伟大得多。

那么问题来了，有没有这样一种可能，把淡黄色的"上汤"，变成无色的呢？如果真的能把一盏清汤做到"状若清水，无色有味"，不是更能直观地体现出"大道至简"的境界吗？

方法是这样的，将鲜鸡血（或鲜鸭血）用胡椒水澥开，再去"臊汤"，当然，一次是不够的，不过，每臊汤一次，汤的颜色就会变淡一点，三次以后，汤的颜色就会逼近于无色。

但这样做的缺点也是相当明显的，那就是鲜鸡鸭血受热浮上来时，会凝结成许多孔洞，每㵴汤一次就会带走一点珍贵的"上汤"，㵴汤三次，差不多会带走一碗上汤了。把一盏清汤做到"开水"的地步，所花费的人工和物料是惊人的。

下一个问题也随之而来——真的这样做出来，会有人认得它并认同它吗？以笔者阅历所见，即使精细如淮扬菜，实操中往往也只以"三㵴上汤"为清汤之上限。无色的"顶汤"，基本上是一种"屠龙之技"，最多偶尔出现在顶级烹饪比赛中。

须知烹饪审美也有理性边际，"无过无不及"，方为中庸之道。不切实际的过度追求，那就成了一种"空中楼阁"般的矫情和自怜，失去了存在价值了。而本文之所以列出"顶汤"来，仅仅只是为了表明，淮扬菜的审美理念及相应的烹饪技法，曾经探索到这样的深度。做个标记，仅此而已。诸位切莫会错了意！

总之，清汤工是非常考验一个厨师的定力和毅力的，所谓"淡中显味"，并不是一句空话，当不同性质的蛋白质，在文火作用下分解为不同的氨基酸以后，它们的鲜味会互相辅佐，互相辉映。

最后，我们再次回过头来看一看何为清淡？

"清淡"绝对不是通俗意义上的"寡淡"，"清"是铅华洗尽，返璞归真，而"淡"是绚烂之极，归于平淡。

厨房里的"中庸"就是这样，"中"是无过无不及，而"庸"是淡定的坚守。品一盏上佳的清汤，什么都明白了。

文思豆腐

天下菜式，皆以咸鲜为本，而咸鲜菜式，以汤菜为最难。

这就是中华名菜中，著名的汤菜占比不多的原因。

文思豆腐的刀工，左手为阴，右手为阳，以阴制阳，就是以静制动，

这样下刀有会稳定有序。业内有"左手是艺术，右手是技术"这么一说。

把豆腐丝切好以后，轻轻推到汤碗里去，然后抖动那只汤碗，

豆腐丝就会像水墨画一样，温柔地晕染开来，这的确是让人叹为观止的。

一提起淮扬菜，人们往往就想起刀工，而一提起刀工，人们往往就想到了文思豆腐。

文思豆腐是一道汤羹菜。这道菜将豆腐细切成丝，与汤羹融为一体，千丝万缕，宛若一幅绘于汤碗之中的写意水墨画。

这里需要说明一下，汤与羹虽然同属汤菜系列，但在淮扬菜中，汤菜与羹菜还是有些区别的。汤菜一般被视为独立的主菜，而羹菜一般被视辅助菜式，它一般是紧随在油炸菜式或浓口的红烧菜式之后上的，用于"过口"。只不过，我们一般把汤羹类统称为"汤菜"而已。

从菜肴设计这个角度来看，天下菜式，皆以咸鲜为本，而咸鲜菜式，以汤菜为最难。这就是中华名菜中，著名的汤菜占比不多的原因。

汤菜为什么最难设计呢？

其一，配角的排场不小。上汤的制作，是个纯粹的"工夫活"，而制作清汤，更是无处藏拙。

其二，主角的地位难放。汤羹类菜式的主料，往往见诸菜名之中，但它却往往沉于汤面之中，这就尴尬了。比如"奶汤鲫鱼"，主料鲫鱼往往藏在奶汤之下，它的外观很可能和"奶汤黑鱼"相差无几。如何突出汤羹菜中的主料，并使之优雅自然，就成了汤羹类菜肴设计的最大难关。所以业内才会有"汤菜看造型"这么一说。

文思豆腐这道菜最独特的设计创意，就在于它创造性地将豆腐细切成丝，使之与汤羹有机地融为一体，这就极大地美化了成菜的造型。

文思豆腐的始创者，是清乾隆年间的文思和尚。康熙乾隆各六次南巡，而他们每次经过扬州的时候，都住在天宁寺行宫。文思和尚是天宁寺编制以外的一个和尚。《扬州画舫录》记载："枝上村，天宁寺西园下院也。……僧文思居之。文思字熙甫。工诗。善识人。有鉴虚、

文思豆腐第一人程发银

惠明之风。一时乡贤寓公皆与之友。又善为豆腐羹甜浆粥。至今效法者谓之文思豆腐。"

文思和尚所创的豆腐羹，本来是一道素菜，这道菜最早的版本用到的原料是豆腐、金针、木耳。这不重要，重要的是，其中最富有想象力的设计重点，就是将嫩豆腐细切成丝，这就使这道普通的豆腐菜式身价陡增。在此之前，没有人想到用这样的手法来处理豆腐。乾隆年间，文思和尚的这种豆腐羹迅速在扬州风传开来，于是，这道始创于文思和尚的菜，后来变成了集体创作。今天我们所见到的文思豆腐，无论是烹饪原料的选择还是烹饪工艺的定型，都早已经过历代先贤们的千锤百炼了。

这里重点讲一下文思豆腐的刀工。

淮扬菜以刀工精细而著称。其实，刀工成形，无非就是块、条、片、丝、丁、粒、末、泥（茸）。具体到"丝"来说，在淮扬菜里从粗到细又可以把它们再细分为五个级别，它们分别是豆芽丝、火柴丝、麻线丝、绣针丝、牛毛丝。

把一块嫩豆腐切成千丝万缕的牛毛丝这个级别，刀工上的确要有过人之处。

一块嫩豆腐不可以直接拿来切片，必须先批去外面的老皮，这样这块豆腐的质地才会均匀，下刀才不会有阻滞。然后，将一块嫩豆腐平批成两半，因为一整块豆腐太高了，切成薄片后，豆腐片往往会顺着刀面溜下来，薄片仍然会扭曲变形。所以，先把豆腐块变矮一点，切下来的片，就听话多了。

丝切得细不细，首先取决于片切得薄不薄，但嫩豆腐片得太薄了，就会粘在刀面上，你一推，豆腐片就碎了。所以在切片之前，得不停地在刀面和豆腐上洒水，这样豆腐片就不会粘刀。这就是所谓的"水刀法"。

接下来就是把薄豆腐片切成细丝，很多人往往盯着上下翻飞的那把神奇的刀，但持刀的右手往往只是"技术"，而不太引人注目的左手才是"艺术"（"左撇子"则反过来）。左手为"阴"，这是控制刀距的，这里的刀工，其实真正考验的是左手能否匀速有序地向后退却。而右手为阳，它只需紧贴着左手匀速地上下运刀，这其实并不算太难。所以，关于这道菜的刀工，淮扬菜有"左手是艺术，右手是技术"这么一说。

切文思豆腐

把豆腐丝切好以后，轻轻推到汤碗里去，然后抖动那只汤碗，豆腐丝就会像水墨画一样，温柔地晕染开来，这的确是让人叹为观止的。

需要特别说明的一点是，这道菜虽

文思豆腐的"水刀法"

然已经流传了两百多年，但是，直到 1999 年之前，这种豆腐丝的细度，仍然只是"火柴丝"。因为"水刀法"是 1999 年 11 月全国第四届烹饪比赛的时候，才发明出来的。

薛泉生大师在全国第二届烹饪大赛中已经崭露头角，第四届全国烹饪比赛时，他作为淮扬菜带队教练出场。而那时代表淮扬菜去参加比赛的选手，是正值壮年的敝师兄程发银。师傅说："发银你的刀工好，能不能把文思豆腐切成'牛毛丝'？"师兄回："切成细丝本身并不算太难，但难就难在将嫩豆腐切成薄片时，豆腐片往往会粘在刀面上，你要硬往下推，豆腐薄片就会碎掉。"师父说，"你试一下先在刀面和豆腐上面洒点水，再切切看。"

……于是，"水刀法"就这样诞生了。

文思豆腐这道菜，是讲究造型的。而豆腐丝是白色的，所以一般需要配以其他颜色的食材，不过，这就没有什么固定的搭配了。黑色的香菇、红色的胡萝卜、绿色的青菜叶等等都可以，因为这些食材是固体形状的蔬菜，所以它们的切配难度远远比切豆腐丝要小得多，这里就不一一详述了。一般来说，只要配色得宜，用哪种辅料都无所谓。

行文至此，我们必须再次强调一下文思豆腐的那个"汤"。文思豆腐这道菜中所用到的"汤"，严格说来，应该是清汤中的"上汤"。

文思豆腐这道菜终究不是为眼睛服务的，"好看"只不过是手段，而"好吃"才是真正的目的。

如今餐饮市场上的文思豆腐，往往是借助于模具来制作的。从操作上来看，把这种金属模具在嫩豆腐上套一下，豆腐丝就切

文思豆腐的清汤制作

出来了，这当然没什么问题。可是，这道菜的汤底子，如今却越来越不敢恭维，在味精、鸡精等各种增鲜粉料的加持下，这道菜的味感往往越来越流于形式。而那种清淡中透出隽永、朴素中带着回甘的独特味觉感受，如今已经离我们越来越远了。这种"徒有其形"的文思豆腐，还是那道让人无法忘怀的淮扬经典菜吗？

最后，我们来谈一谈文思豆腐这道菜的收尾，也就是勾芡。

文思豆腐是一道精细的汤羹菜式，所谓的"羹"是需要勾芡的，如果用常见的玉米淀粉或者小麦淀粉，也没啥大错，只不过在观感上，可能在汤羹的总体质感上会不够透明，而这种"不透明度"，很可能会给这道菜留下最后一个败笔。

看看，能够发现，并提出这种问题来的人，才是真正玩淮扬菜的！

那么，到底勾芡时，该用什么样的芡粉，才会使这种透明度达到最佳呢？

我们用于勾芡的最常用的淀粉，有玉米淀粉、小麦淀粉、土豆淀粉、豌豆淀粉、绿豆淀粉，不太常用的淀粉有芡实淀粉、菱角淀粉、莲子淀粉。从透明度这个角度来看，最佳的选择是菱角淀粉，俗称"菱粉"！

"文人菜"就是这样"止于至善"的！

清汤鱼圆

淮扬菜里，越是看起来"简单"的菜式，

你就越是不能小瞧它。

淮扬经典菜中，正宗的清汤鱼圆，这是普通宴席上很难一见的上等汤菜。

清汤鱼圆这道经典菜，有太多菜谱无法记录下来的细节和分寸。

而只有知其然，并知其所以然，

才能真正懂得淮扬菜的"处处匠心，了无匠气"。

清汤鱼圆是淮扬经典菜中的一道大道至简，却又精细无比的"细巧菜"。

从成菜的外观上来看，这道菜基本上乏善可陈。清冽见底的汤碗里，漂浮着几只宛如白玉的鱼圆，辅以几片黑色的木耳或绿色的菜叶。就这么简单！

但是，笔者必须在这里重重地敲一下黑板——**淮扬菜里，越是看起来"简单"的菜式，你就越是不能小瞧它。淮扬经典菜中，正宗的清汤鱼圆，这是普通宴席上很难一见的上等汤菜。**

那么，看起来清汤寡水的一道鱼圆汤，到底有什么了不起的地方呢？

先来讲"鱼圆"是怎么回事。

淮扬菜中的"鱼圆"是用淡水鱼做的，宽泛点说，用哪种淡水鱼都可以做成"鱼圆"。但是如果是用普通的淡水鱼做成的"鱼圆"，一般是不会做成清汤版的，因为那就像武术里的"马步冲拳"一样，纯粹考的是厨师的硬功力，几乎无处藏拙。

清汤版的鱼圆，主角和配角的要求都相当高。鱼圆不仅在外观上要洁白细腻，温润如玉，而且它对内在的口感质地要求也挺高——

首先，清汤版的鱼圆，要求其色洁白如玉，鱼圆自然成球形，表面细腻光滑，无任何向外突起的毛刺和向内的孔洞。

其次，清汤版的鱼圆，至少要求悬浮在汤面之上，而最佳质地，则是半浮于清汤之中。

再次，清汤版的鱼圆，要求味感清鲜馥郁，其鲜味有明确的鱼味，这样才会有别于作为配角的清汤的味道。

以上这三点要求，对于鱼茸子本身的"缔子工"，是个严峻的考验。

李渔曰："鱼之首重在鲜。"而淡水鱼有这样一个特点，那就是越是味感鲜美的鱼，往往体内的细刺就越多。

从鱼圆的味感来说，长江里的刀鱼和鳡鱼最佳。刀鱼不用说，肉质极为细腻，味感也相当鲜美。而鳡鱼是长江中的"水老虎"，鳡鱼虽然鲜味不及刀鱼，但其肉质却较为独特，其鱼茸的持水力特别高，换句大白话来说，鳡鱼鱼茸能"吃进"更多的水分，这样最终鱼圆打出来以后，吃起来会格外"嫩"。

不过，长江禁捕令实施以后，上述这两种鱼都不能吃了。所以关于这两种鱼及其对应的烹饪工艺，这里也一并略过。

退而求其次的，是鲌鱼和鳜鱼。鲌鱼的味感虽不如刀鱼鲜美，但细腻感却不输刀鱼，鳜鱼的质感则与鳡鱼类似，有相对较高的持水力。

这两种淡水鱼的鲜美程度，主要看它的生长期有多长，一般野生的鲌鱼或鳜鱼，也就是那种吃了上顿没下顿，完全靠自己捕食的，它们生长得较慢，味道自然就比较好。但现在都是养殖的居多。

这里笔者必须得插一句，养殖的本应该比野生的更好，因为养殖的淡水鱼，无天敌之忧，无食物之困，可以在人工的驯养下，长得更为健美。但是，如今的养殖"科学"，基本上都是这么一个底层逻辑——用最便宜的饲料和最短的时间，把鱼儿养得最大最肥。

不过，矮子里面拔将军，我们也总是可以在这些养殖户中，找到一些不太懂"养殖科学"的那些老实人的，那么这一类相对比较好的肉食性淡水鱼有什么样的特征呢？

不管是鲌鱼还是鳜鱼，它们都是肉食性的，挑选这类鱼，首先要看它们的长相，凡是鱼嘴长成"地包天"模样的，相对品相就比较好，这是由肉食性淡水鱼的捕食天性决定的。 它们捕食像豹子一般，先在水草中躺藏起来，盯着上面游过的小鱼小虾，同时计算着冲出去捕捉的时间。当时机恰当时，它们会从水底一跃而起，迅速向上冲击，同时大嘴一张，将猎物连同水分一起吞下，它们的鳃会自动过滤掉水，而猎物就落入了口中。

你可以参考一下老鹰的爪子和喙，老鹰是从天上向下俯冲抓捕猎物的，**所以老鹰的爪子和喙都是向下弯的，这样才便于抓住猎物。**

而白鱼和鳜鱼反过来，它们是由下往上冲捕猎物的，所以它们的嘴只有长成"地包天"，才便于捕获猎物。

其次就是看它们的背部是否线条流畅且相对较薄。要知道具有捕食天性的肉食性鱼类，必须保证它的速度优势，这样才能抓到猎物，如果鱼背长得太厚，它肯定游不过那些逃生的猎物，那它就得天天饿着。

再次是看它们的颜色，无论是鲌鱼还是鳜鱼，如果它们是天天捕食的，那么鳃下部位，应该会长出一抹红色来，这是肉食性淡水鱼的特征，业内称这种鲌鱼为"翘嘴红"。

如果找不到这样的好鱼，那么最好还是别费那个力气去做清汤鱼圆了。虽然市面上的青鱼、草鱼和花鲢多的是，但是，用这些鱼做的鱼圆，拿来做杂烩尚可，做清汤鱼圆可能还不够格。当然，这只是笔者的个人看法而已。

这里，我们以质地上佳的"翘嘴红"鲌鱼为例，讲一讲清汤鱼圆的预处理工艺。

鲌鱼虽然是做鱼圆的好原料，但是要把它做出境界来，可不容易。

第一个问题，鱼肉怎么取？

如果没心没肺地沿主骨批下鱼肉来，直接上料理机打碎，那么，鱼肉中含有的细刺也肯定夹杂在内，这些细刺虽然可以和鱼肉一道被打成碎末，但食客吃到嘴里，明显会有不爽的碎粒感。

传统的手法是，将鱼肉沿主骨剖开，剔去鱼皮、胸刺和主骨上面的那一条红色的鱼肉。这才算是做鱼圆的鱼肉，只不过鱼背里面还含有不少细刺。

去除细刺的手法，是用刀刮

司厨 李力

鱼肉敲松后刮取鱼茸

摸刺法刮取鱼茸

鱼茸漂水后方才洁白

在猪肉皮上面剁鱼茸

取鱼肉，这样当刮到细刺时，手上可以明显地感觉到，顺手就可以将刺去掉，这就是"摸刺法"。

　　用"摸刺法"得到不含任何细刺的净鱼肉了，此时还有一个更重要的步骤——"漂水"。

　　这就是第二个问题，鱼肉怎样变得洁白？

　　将碎鱼肉用纱布包起来，在清水中边轻捏边漂洗，这一步主要是将鱼肉内的体液排出。这时你可以看到清水变得浑浊了。换一遍水，再来一次。一般漂洗到第三次，水就不会再浑浊了。这一步是鱼圆洁白如玉的最有效的保障。

　　第三个问题，如何确保口感细腻？

　　再接下去，就是将这堆碎鱼肉处理成鱼茸子，注意，是"茸"而不是"末"。

　　照例要事先在案板上铺一块新鲜的猪肉皮，其手法可以复习一下上文"芙蓉鱼片"，这里就不再重复了。

做鱼圆的鱼茸子，最好用刀背排敲出来，而不是用刀刃剁出来。此外不仅要有一定量的生肥膘，而且为了追求口感的极致细腻，最好还要搭一点板油和肥膘一起剁成茸子。

放盐是缔子工的关键

处理到这一步，鱼茸子的底子差不多够"细"了，下一步是打鱼茸，也就是所谓的"腻"。在鱼茸内下入葱姜汁（不可放葱姜末）、绍酒、冷鸡汤和细盐，然后将这堆茸子搅打上劲。

这可是个说来容易做来难的活。

须知这个盐，可不是按照比例该放多少就放多少的，它必须一点点地分次放进去。

鱼茸打上劲

先将总量的六七成左右的盐放下去，然后用手去搅打。打着打着，你就会发现，鱼茸子开始起稠了，这叫作"上劲"，但你继续打下去，发现鱼茸子不会更黏稠了，这就需要再放一点盐下去，再继续搅打，这时黏稠度会进一步提高，这就对了。

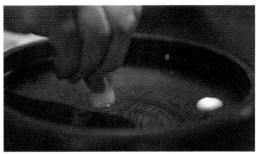
打好的鱼圆能在清水里浮起来

搅打这一步的原理是这样的，盐和鱼肉中的蛋白质在搅打时，结合起来，蛋白质产生某种程度的变性。但是如果你一次性把盐全放足了，必然有一些部位接触到的盐较多，而另一些部位结合

鱼圆宜"养熟"

得较少，但你又不敢再放盐了，再多放就咸了。所以，得一步步来，先放一些盐，搅打上劲，再放点盐，再搅打上劲，如此直到全部分量的盐都放下去，搅打到茸子有明显的黏稠感。

那么，问题是，到底搅打到什么时候，算是打好了呢？

方法很简单，左手抓起鱼茸来，在虎口挤出一个球球，用勺子刮下，放入清水中，如果鱼圆子外表没有任何毛刺，且能够在冷水中浮起来，表示打到位了，如果表面有尖角状的毛刺，或者在冷水中会沉下去，表示茸子里的空气还不够，还得再打……

最后的一个细节在于，鱼圆如何成熟。

传统的手法是，将养在清水锅中的鱼圆，连水带锅一起上文火，随着温度的逐步升高，鱼圆开始变色，由灰白色转为白玉色，这叫"养熟"。

这时用漏勺捞起鱼圆来，放入大汤碗。另用一口锅，把事先做好的鸡清汤加盐定味，烧开后，浇入汤碗中（菜叶、木耳等配料的处理过程此处略过），这叫"套汤"。到此，这道清汤鱼圆才算大功告成。

淮扬菜的精细，并不像那些表演给你看的刀工那么简单。**清汤鱼圆这道经典菜，有太多菜谱无法记录下来的细节和分寸。而只有知其然，并知其所以然，才能真正懂得淮扬菜的"处处匠心，了无匠气"。**

清汤鱼圆分盅装盘

芙蓉海底松

儒家和道家都讲"天人合一"的，这句话听起来好像"不明觉厉"的样子，

但在美食上，它讲的其实就是人与自然的和谐相处之道，

这也是养生学最根本的原理。

以重口味来强力地刺激味蕾，打开胃口，这叫作"霸道"。

可是咱们中国人从来崇尚的都不是"霸道"，而是"王道"。

长夏时分的饮食"王道"是——多汤水，少油腻，有营养，健脾胃。

头矾海蜇叫作"软脆"，二矾海蜇叫作"硬脆"，三矾海蜇叫作"酥脆"，

而海底松叫作"爽脆"，你也可以把它理解为"嘎嘣脆"。

儒家和道家都讲"天人合一"的，这句话听起来好像"不明觉厉"的样子，但在美食上，它讲的其实就是人与自然的和谐相处之道，这也是养生学最根本的原理。

淮扬菜是特别强调时节和养生的，用今天的话来说，就是绿色和健康的，有道是——

春酸夏苦秋辛冬咸，察时令之变，务求调和融洽；

早韭晚菘陈酿新芽，明三才造化，不可错过分毫。

淮扬菜中，春秋两季的名菜相对较多，这是因为无论荤素，这两个季节的时鲜菜都比较多，而夏冬两季，尤其是夏季的时鲜菜相对较少。所以夏季菜肴的设计，主要考的就是如何将养生学原理，具体落实到菜肴里去。

人们常常把一年分为春夏秋冬四季。但实际上，在中医看来，一年是分为五个部分的，也就是春、夏、长夏、秋、冬，它们分别和五行相对应，春属木、夏属火、长夏属土、秋属金、冬属水。

养生学有谚曰：春养肝，夏养心、秋养肺、冬养肾（在此补一句，长夏养脾胃）。

夏天，尤其是夏秋之交的长夏时分，酷暑难当，人们往往胃口不开，吃啥都不香，但这个时候偏偏是流汗最多、体力消耗最大的。不补呢，你吃不消；补呢，你又吃不下，这的容易产生所谓的"疰夏"。

酷暑时分，如果以重口味来强力地刺激味蕾，打开胃口，这叫作"霸道"。可是咱们中国人从来崇尚的都不是"霸道"，而是"王道"。那么、**长夏时分的饮食"王道"，又是什么呢？那就是——多汤水，少油腻，有营养，健脾胃。**

所以，夏季和长夏时节的时令菜式的设计，食材上应以小荤为主，味型上应以清淡为主，造型上应以素雅为主。如此，方可养心健脾。懂得这个道理的食客，方可称为"会吃"，而如果不懂呢，最多只能叫"能吃"。

蓉须预先蒸至定型

汤菜看造型

芙蓉海底松，就是淮扬菜盛夏时节的一道著名经典菜。

所谓"芙蓉"，一般指的是将蛋清打发开来的一种半成品。当然，如果添加了鸡茸、鱼茸，和蛋清一起打发开来，也叫"芙蓉"。

蛋清如果直接用文火蒸熟，那它会沉入汤底，不利于菜肴的造型；而如果打发过头，成了全发蛋清，那它的口感就会像棉花糖一样，松软空洞。所以汤菜里的蛋清芙蓉都只能打发到一半，既要保证它能浮于汤面，又要使得它的口感不失嫩滑，这就是"半发"的微妙分寸。不过，在芙蓉海底松这道菜里面，芙蓉只是个摆"pose"的小"case"而已，它只对汤菜的造型有那么一点儿贡献。

这道菜一多半的看点，是那些沉在汤底的"海底松"。

淮扬经典菜的命名，一般都比较文雅。比如将黑鱼称为"将军"；直肠称为"筒头"；大号的虾仁，称为"大玉"；鳝背，称为"软兜"或"虎尾"；海蜇，称为"珊瑚"或"海底松"。文人嘛，往往就是喜欢这么"拽"一"拽"，显得不那么俗气。

不过，从烹饪原料学的角度来看，这种被称为"海底松"的海蜇，倒的确有不少鲜为人知的"名堂经"。

海蜇这种食材看起来很平常，但是这种叫作"海底松"的海蜇，它的价钱是普通海蜇的八到十倍，为什么呢？

鲜品海蜇，95%以上都是水，而海蜇的汛期，一般是气温较高的夏秋时节，如果不能及时处理，海蜇不仅容易腐烂变质，而且不到一天时间，它就会"化"成一摊无比难看的冻子。所以，捕捞船靠岸以后，工人们必须抢时间，对海蜇进行初加工。

鲜品海蜇是不能直接吃的，有毒。如果你在海里游泳的时候被它蜇过，你大概就知道是怎么回事了。海蜇加工的第一步，是将海蜇分割成蜇皮和蜇头两部分。上半部分的白色伞状是蜇皮，下面的丝状物叫蜇头。

一般来说，海蜇必须经过明矾和盐的腌制以后，才能够食用。"头矾"就是用明矾腌它第一次，腌完以后的卤水里，有很多毒素，我们称为"辣卤水"。控干它，然后第二遍用适量的明矾和盐腌上，再把它踩紧实了，再腌渍它一回，这叫"二矾"。"三矾"就是重复"二矾"的步骤。一般来说，头矾后的海蜇就会紧缩到原来鲜品的一半左右，二矾之后，大概只剩下鲜品的35%上下，而三矾腌渍后的海蜇，只剩下鲜品的10%到15%。我们要求的"海底松"是什么呢？是三矾海蜇里的陈年海蜇，它大概会缩水到原来鲜品的8%以下。

用明矾腌渍的目的，就是为了使海蜇里的胶质能够有效地凝固起来，这种胶质越紧致，海蜇就越好吃，这就是头矾、二矾、三矾的道理。三矾海蜇的存放较难，如果受了生水、日晒、虫伤以及其他不良因素干扰，它都会变坏，这就是陈年海蜇特别贵的原因。

它们的口感区别是这样的——头矾海蜇叫作"软脆"，二矾海蜇叫作"硬脆"，三矾海蜇叫作"酥脆"，而海底松叫作"爽脆"，你也可以把它理解为"嘎嘣脆"。

中国的海蜇，以江苏沿海的吕泗渔场和浙江沿海的舟山渔场所产者为佳，这叫"东蜇"。"东蜇"里的陈年三矾海蜇乃其中的上品，渔民称之为"珊瑚红"，只有这种海蜇，才有资格去做月映珊瑚和芙蓉海底松这样的汤菜。

顺便说一句，北方的渤海湾和南方的广东、广西沿海也都产海蜇，不过"北蜇"多沙，而"南蜇"太软。在过去的南北货行里，这些都是常识。

好啦，咱们普通人不是做南北货这一行的，大家只要知道芙蓉海底松的主料海蜇不是一般的海蜇就够了。这里的重点在于接下来，当"珊瑚红"海蜇最终交到厨房里的时候，接过这根接力棒的淮扬菜厨师，又是如何把它变成"海底松"的。

在淮扬菜里，上好的"珊瑚红"海蜇，一般是做成凉菜的（最著名的当数"牡丹酥蜇"），当然也可以做成热菜。不过它们的预处理步骤都是一样的。

将"珊瑚红"海蜇洗净并片好。然后，直接扔进开水锅里去氽烫一下！

为什么要这么做呢？这是为了追求口感的极致。

虽然陈年老蜇头的口感已经比较爽脆了，但为了追求那种"嘎嘣脆"的极致愉悦的口感，厨师还要再使它更紧致一些，方法就是将海蜇再氽烫一下。你知道这意味着什么吗？这意味着本来就已经很贵的陈年海蜇，将再度缩水一半。

当然，如果烫到这样程度的海蜇，直接拿来吃，那是过于紧致了，这样吃起来

陈年海蜇

将海蜇批薄

海蜇烫一下会更脆

打蛋清芙蓉

会有点"拗"的。需要把它放到凉水里面饧一下，这叫作"回身"。这有点相当于揉好的面团，需要放在一边饧发一下。

经过汆烫回身的陈年海蜇，其内在质地，在口感上已经达到了妙不可言的境界。你入口之后，轻轻一嚼，它就会极其爽落地断开。吃过这种"酥蜇"的，才会真正体验到"脆"是一种多么舒爽的感觉。

这就够了吗？

对于凉菜来说，陈年海蜇处理到这一步，差不多到家了。但是，它也许还少了一种对比和陪衬。如果把这种处理过的蜇头再接下去做成汤菜，那又会给食客的口感打开一个"新天地"。

品尝"海底松"的时候，建议先将"海底松"含在口中，以唇舌感受海蜇片外层的那种温润如玉的软滑，然后，再慢慢地嚼它，当牙齿体会到外层的软糯胶滑感后，接着嚼下去，你就会忽然一震，海蜇片最中间的，居然是完全不同于表面软嫩的那种极致的酥脆。

这才叫作"会吃"。

这种美妙的口感，不是每次都能吃到的，因为它不仅取决于你是否能买到上好的陈年海蜇，还取决于厨师的临灶经验。

这个一点都不玄，想一想，影响这种口感的，是不是与下列因素有关——海蜇要片成多厚？用开水汆烫到什么时候捞出？"回身"要回多长时间？这几步做到位了，做凉菜需要的那种脆才有保证。而如果是做成汤菜呢？还有接下去几步的分寸要把控好。

将"回身"的海蜇捞出挤去水分，放在汤碗中，冲进滚热的清鸡汤浸泡一下，再滗去汤，这叫做"浴"，然后，再用鸡汤"浴"它一次。为啥要用鸡汤冲它两次呢？因为海蜇总是会有一股海产品的腥气的，这等于用鸡汤先给它洗个澡，浴完海蜇滗出来的这两道鸡汤，可以拿去做别的低档次的菜，但芙蓉海底松里，最后得再用新的热鸡汤冲进去，这叫做"养"。等到海蜇的外层养软了，就可以上桌了。当然，这道菜上桌后，一定要赶紧捞海蜇吃，因为如果你在那儿闲聊，海蜇就会完全泡软下来，那种"外软滑、内酥脆"的口感就没了。

所以，只有当食客与厨师同样懂得其中的美食文化时，"芙蓉海底松"这道菜，才能最终达成它的艺术使命。

舟山渔场

摄影 周泽华

第四章

分档取料　因材施技

淮扬菜的第一门功夫，就是"审材辨材"
这就是厨房里的"格物"

淮扬菜的第一门功夫，就是"审材辨材"。一个厨师如果不能充分了解和分辨食材本身的品相质量，那就像一个战士不熟悉他手中的枪一样。

而一个优秀的厨师，还需要进一步了解食材不同部位的性能。就像一个士兵闭着眼睛也能知道枪械的每个零件都有什么作用一样。

这就是厨房里的"格物"。

天然食材的不同部位，经过"分档取料"后，还需要考虑它们各自适宜用什么样的最佳烹饪手法。

这就是厨房里的"致知"。"格物致知"之后，才会有相应的"因材施技"。

"格致"再辅以"诚正"，也就是严谨认真的反复操作，然后才有"修齐治平"，这就是淮扬"文人菜"的修炼步骤。

这个道理听起来好像有点耳熟，但具体落实到厨房里的行动上，可能就不是一般人能够懂得并掌握的了。

作为本章的序言，我们且由浅入深地从原理上讲一下淮扬菜厨房里的这个无形法则——

猪是我们日常生活中最常见的食材，但一口猪的猪肉，是不是要分成五花、排骨、里脊、肘子等多种部位？内脏是不是也得分为猪肝、猪腰、猪心、大肠等部位？猪的不同部位，是不是得有不同的烹饪方法来处理它？这就是最简单的"分档取料、因材施技"。

道理虽然简单，但如果把它依此类推地深入下去，那就未必人人都知道了。

比如虾分为几节？藕有多少个孔？一颗鸡蛋，可以分成几个部分？一粒大米，可以分为几层？你知道吗？

再比如黑鱼的鱼肠、甲鱼的胆、黄鳝的骨头、青鱼的鳞，这些都是不可以扔掉的。你知道吗？

　　把食材研究到这个份上，绝不是为了在饭桌上显摆自己的博学，而是这些知识在真正的厨房实战中，每样都能派上大用场。

　　笔者不可能把烹饪原料学的这些细节全都讲完，本篇仅以黄鳝为例，看看淮扬菜是如何在一条黄鳝身上，具体运用"格物致知、分档取料、因材施技"这些原则的。

摄影 周泽华

外一篇
一条黄鳝的"格物"

　　黄鳝是淮扬菜中的重要原料，以黄鳝为主料的著名经典菜，有炝虎尾、炒软兜、白煨脐门、大烧马鞍桥等。而不太知名的，还有炖酥鳝、烧笙箫、锅贴鳝背、生炒蝴蝶片、淮鱼干丝汤、叉烧长鱼方等。

　　这些菜式看起来都是以黄鳝为主料来做的，但这绝不意味着你可以随随便便去菜市场买几条黄鳝就能做得出。

　　为什么呀？难道此黄鳝与彼黄鳝之间，还有什么不同吗？

　　是的，上述这些菜式，把它们分别做出来本身并不太难，但难就难在如何做出它们各自本应具有的"淮扬神韵"来。所以，在做黄鳝类菜式之前，必须首先了解一下黄鳝的基本知识，以及上述这些经典菜的设计初衷。

避孕药催生出巨鳝？

先来讲一个真实的故事——

2000 年前后，中国水产养殖史上，曾经闹出过一个天大的笑话，那就是"大黄鳝是用避孕药喂出来的"。

好事不出门，坏事传千里，这一谣传带来的影响是全国性的，它甚至被来自江苏省的全国人大代表写进了"食品安全第一案"的 2001 年人大提案。

那么谁才是这一谣传的始作俑者？"避孕药催生出巨鳝"这句话，又为什么是不成立的呢？

这个说法始见于 1998 年的《成都商报》，在该报的一篇专门介绍奇闻趣事的文章中，有一个题为《避孕药催出巨鳝？》的小消息。该消息称：重庆一养殖户向记者爆料，他采用在黄鳝饲料中添加避孕药的方法，使黄鳝长得又肥又大。记者当即请教了有关水产养殖专家，得到的答复是没有听说过有这种催肥的方法。不过倒是有的水产养殖人员通过在鱼苗饲料中添加微量激素而诱其提前转变成雄性。

1998 年，正是全国报业蓬勃发展的黄金期，各地的报纸都在扩版，一份当日的报纸，往往就是厚厚的一叠。《成都商报》是那会儿成都当地最有影响力的一份都市报，而这篇报道本身，至少遵循了新闻的起码规范。

请注意，原文标题是带一个问号的！

这条消息虽然短小，却事关广大民众的切身利益。于是，各地媒体纷纷转载。一时间成为中国大地的街头巷尾、茶余饭后谈论的热门话题。但那会儿的网络虽然还不像后来那样发达，但当时已经有"标题党"了，而以点击率为唯一追求的标题党，故意漏掉了原标题中最重要的那个问号。

这可就从原来的疑问句变成了肯定句了，问题的性质也就发生了根本性的变化。这一谣言甚至还带来了一系列"后遗症尾巴"，比如有很多人在讨论吃了这种"避孕药黄鳝"是否会导致孩子性早熟等。而2001 年，来自江苏省的全国人大代表，甚至把禁止养殖避孕药黄鳝写进了人大提案。

但是，在谣言传播的那几年中，谁也没有追问一句——"避孕药为什么会催生出巨鳝？"

2000 年 6 月，成都九眼桥的鳝鱼批发老板决定集体出资 10 万元，仍旧在《成都商报》上用整版广告重奖举报者。此举在成都市民中迅速引起强烈反响，一周之内全城黄鳝价格触底反弹，每斤涨幅 1.5 元——2 元，西南最大的鳝鱼批发市场——牛沙便道市场的近百户鳝鱼老板大受鼓舞，经集体商议后做出决定，再次在《成都商报》上用半版广告的篇幅，追加 50 万元悬赏，重奖举报者，务使流言斩草除根。

这笔巨额悬红后来无人认领，但不幸的是，潘多拉的魔盒已经打开了。

为什么避孕药不可能催生出巨鳝

"避孕药催出巨鳝"这句话本身就是不能成立的。

科学的解释可能太枯燥了一点，这么说吧——一个男人或许可以有一万种死法，但他万万不可能是因为难产而死掉的！

黄鳝是一种很奇妙的水产品。当它还是个黄鳝宝宝的时候，它们全都是雌性的"女儿身"。这时候，它吃的东西全都是"素"的。当它的身体长到差不多筷子那么长的时候（20-24 厘米左右），这时候它们开始"明白"过来了——哦，我这会儿该当妈妈了。于是，它们纷纷在水草上排出卵子，这就标志着黄鳝完成了第一次性发育（雄黄鳝也会排精在水草上，黄鳝是体外受精）。

完成第一次性发育后，黄鳝的卵巢开始萎缩，而精巢开始发育。中间这个时期，黄鳝处于短暂的雌雄同体的状态，这时，它的体长大约在 24 至 35 厘米之间。

随着个体的继续生长，黄鳝的卵巢彻底萎缩，而精巢发育并逐步成熟。此后，黄鳝达到第二次性成熟，此时它们已经转变为雄性的"男儿身"了。这一阶段，黄鳝性情大变，食性也改为杂食，且以荤料为主，异常凶猛，且贪吃无比。此后，黄鳝将保持雄性的状态继续生长。黄鳝"长身体"的阶段，主要是在完全变为雄性之后。

像黄鳝这种变性的事情，水产学有一个专门的称呼，叫"性逆转"或"性反转"。顺便说一下，黄鳝并不是性逆转唯一的例子，诸如鹦嘴鱼、隆头鱼、黄鲷、黑鲷、海葵鱼等也都会有类似的现象。它们一般同时具有雌雄两套生殖系统，但在一定的阶段中，只有其中一套系统表现为强势，此后会发生性别的反转变化，一些鱼类物种可以雌变雄，而另一些则是雄变雌。

避孕药的主要成分是雌激素。如果大个儿的黄鳝果真是避孕药喂出来的，那么你花了大价钱买回避孕药来喂黄鳝（那可比土霉素这样的鱼药贵多了），那一定是脑子烧坏了。因为就算黄鳝吃了"避孕药"，那么受雌激素影响，它就慢慢地待在雌性阶段，天天白吃你的饲料还不长个儿。你说那养黄鳝的那不是自个儿找罪受吗？

这就是当年成都黄鳝老板们敢于拍出六十万元，跟谣言叫板的原因。

一条黄鳝的"选美标准"

上述科学知识都不重要。重要的是，黄鳝的肉质，在变性前后，尤其是雌雄同体的时候，是最好吃的！

第一次性成熟到雌雄同体初期的黄鳝，它的粗细大约在无名指与小拇指之间，它的长短大约在 20-25 厘米之间，业内称为"笔杆鳝"。这种黄鳝的鳝背，肉质最为细嫩。

"笔杆鳝"如果是青灰色的，那是变性之前，而雌雄同体时，黄鳝肚子那里就开始发黄了，脊背也开始发黑了。

如果你要做的菜式是"炝虎尾"，那么最好取"笔杆青"。标准稍放宽一点，只要体长不超过 25 厘米的小黄鳝，也都可以用。

如果你要做的菜式是"炒软兜"，那么最好取体长在 30 厘米左右的黄鳝，这时的鳝背（也就是"软兜"）肉质仍不失嫩滑，但肉头却要相对厚实一些，经得起猛火爆炒。

如果你要做的菜式是"生炒蝴蝶片"，那么它的取料标准是体长 30-40 厘米的黄鳝，而且最好是明显可以看到"背黑腹黄"，也就是刚刚完全转化为雄性时的黄鳝。因为这道菜也称为"生爆蝴蝶片"，它需要经受比炒软兜更为刚猛的火候考验。

如果你要做的菜式是"炖酥鳝""烧笙箫""煨脐门""大烧马鞍桥"。它的取料标准最好是 40 厘米以上的大黄鳝，而且最好鳃下部位要见到一抹红色，鳝背呈油亮的黑色而鳝腹明显呈更深的老黄（不是明黄了，黄色不够老，那就不是隔年老鳝）。这是因为这些菜式，往往要经过长时间的火候"摧刚为柔"，如果鳝肉本身不够结实，那它早就糟烂掉了。

不同生长期的黄鳝，各有不同特性，只有在买菜之前，对黄鳝各个时期的特点进行充分细致的"格物"，你才能了解到不同生长期的黄鳝，那个与众不同的"美"到底在哪里，这样才能在临灶之前"成竹在胸"。

何谓"小暑黄鳝赛人参"

养生学有谚曰"小暑黄鳝赛人参"。很多人听过这句话，但如何理解这句话，却往往有所偏颇。

中国人是讲究"不时不食""天人合一"的。从美食的角度来看黄鳝，无非就是如何对它进行更恰当的烹饪；而从养生学的角度，还要看何时来吃，为啥要多吃（或少吃）。这样才能吃出健康。

中医理论认为夏季往往是慢性支气管炎、支气管哮喘、风湿性关节炎等疾病的缓解期。此时若内服具有温补作用的黄鳝，可以达到调节脏腑、改善不良体质的目的，这样到了冬季就能最大限度地减少或避免上述疾病的发生。而阳痿、早泄等肾阳虚者，在小暑时节吃黄鳝进补，也能达到事半功倍的效果。

所以，"小暑黄鳝赛人参"的本意，蕴含着"春夏养阳"和"冬病夏治"的中医理论。

但是，似懂非懂者，往往把"小暑黄鳝赛人参"理解为黄鳝只在小暑时分才开始变性，这就有问题了。

事实上，自然环境中的黄鳝不是一年长成的，而它们的第一次性成熟（以雌性期排卵为标志），在每年四到九月之间都有，第一次性成熟主要是受水温和生长周期的刺激，小暑期间，"适龄"的黄鳝当然也会变性，但小暑之后还会变性的。而小暑时节，对于黄鳝来说，正值水温恰当之时。不管是处于哪个生长期的黄鳝，小暑时分的活性（包括摄食和生殖发育）都是最"兴奋"的。所以，小暑前后的黄鳝不仅长得最壮，而且这个时候吃黄鳝，特别有益于人体的保健和养生。

简单地说，"小暑黄鳝赛人参"，更多的是因为人们需要在小暑时分吃黄鳝，以达到食养的目的。而不是因为什么小暑时分的黄鳝才会变性。这是两码事！

巨鳝到底是怎么回事？

需要特别说明的一点是，以前被称为"避孕药黄鳝"的那种大黄鳝，虽然不是什么避孕药喂出来的，但它的确"虚胖"。它的口感不是大黄鳝应有的那种紧实，而是一种"浮肿"般的松软。那么这种大黄鳝又是怎么一回事呢？

黄鳝变性为雄性之后，食性大变，不仅极爱吃蚯蚓、蝇蛆、河蚌这一类的腥味较重的荤料，而且胃口大到简直贪得无厌。如果依着黄鳝的天性，顿顿都喂它吃这类东西，那养黄鳝的就算不亏死也得累死。于是鳝农们往往会在它小的时候对它进行"驯食"。

什么叫"驯食"呢？那就是一天分好几次喂它，有目的地来哄骗黄鳝吃人工合成饲料。具体的方法是，先喂一点点蚯蚓、蚌肉这样的"精饲料"，黄鳝们当然会上来争抢，但饲料却不多，只有体格强壮且争强好胜的黄鳝会抢得到，"温良恭俭让"的"黄鳝君子们"自然就得饿着。再重复一次，依然如此。到第三、四次时，主人会只投放人工合成饲料下去，看看反应。这时最先抢上来的仍然是那些黄鳝中的"好斗分子"，不过，这会儿它们基本上已经不饿了，一尝这味儿不对劲，于是就退一边去了。这时候，"黄鳝君子们"才终于有机会挤上前来开饭，它们当然也会觉得味道不那么对劲，但这会儿它们早就饿急了，于是"好死不如赖活着"，它们中的一部分，也就认了命，吃了这种人工合成饲料。

这时候鳝农就会把这批"听话的孩子们"单独捞出来，放到另一个池子里去，进行第二轮"驯饲"，如此往复……直到最后，驯饲出一批完全不讲"伙食条件"的最乖的黄鳝来，管饱管够地喂它们吃人工合成饲料，这批长得极快的大黄鳝就是被讹为"避孕药黄鳝"的那一批。

生长得比较正常的黄鳝，一般身体线条比较均匀，从脑袋到尾巴逐渐地细下来。但是驯过食的黄鳝，身材就不那么耐看了，它们粗粗的身子会忽然在靠近尾部的那里变细，那是因为肉长得比骨头快的缘故。

知道这个方法，你可以不上当受骗，但那也只是学了一半，接下来，你还得学会怎样才能在黄鳝堆中进行"辨材"。

未经驯食的黄鳝（总有一半以上不食"嗟来之食"的倔强黄鳝），除了线条自然流畅以外。背上应该有几条时断时续的线。它们一般是一粗一细地间杂着，每年一般只长一组线。黄鳝长到 100 克一条以上时（也就是市面上所谓的大黄鳝），背上都应该有这几条线。只是驯过食的黄鳝背纹较少且花斑边缘不清晰，而花斑清晰且较多的，那就是好黄鳝了。

此外，背斑小的比背斑大的好，同样小背斑的鳝鱼中，嘴部下方类似于蛤蟆鼓气的那个部位，如果能够呈血红色，那就是黄鳝中的"美女"了。认准了这种大黄鳝，不会有错的。

黄鳝的分档取料

一条黄鳝，除了内脏完全不用以外，其他部位各有妙用。

一、鳝背（虎尾、软兜）

鳝背是黄鳝身上肉质最为细嫩肥美的部位，当一条黄鳝还没有完全变成雄性之前，其鳝背肉质往往同时具有"软""滑""嫩""鲜"四样特质，一般以鳝背为主料的菜式，其菜肴设计的重中之重，就是突出这些特质。而体长在 40 厘米以上的雄性大黄鳝，肉质条件就不宜单独取用鳝背了。

二、鳝肚（脐门）

"脐门"的原意，指的是黄鳝肛门附近的这一整段，黄鳝肛门这一段的肉质有别于其他部位，如果单独切下这一段来，它一半带内脏腔体，另一半是尾部实心段。这一段如同鮰鱼的实心段一样，经得起烧炖，且成菜造型不变。

后来，人们把取完鳝背后的、带有肛门的黄色肚档，称为"脐门"，那么"脐门"就有了新的分档取料的意义，它基本上单独用来指黄鳝的肚档了。相较于肉头较厚的鳝背而言，这一块肚档比较薄，而且肉质相对较为板结。

这种特性就决定了它可以用单独的烹饪工艺来进行深度加工。

三、鳝段（"笙箫""马鞍桥"）

整段不去骨的鳝段也称为"鳝筒"。鳝段如果不打花刀，称为"笙箫"；如果每段鳝段在鳝背上剖几刀，则为"马鞍桥"。这类料一般需要经过油炸或煸炒后，再用文火"摧刚为柔"地烧或炖出来。成菜口感以"酥软"为主。

四、鳝片（"蝴蝶片"）

鳝片指的是去骨后的黄鳝肉，不分开鳝背和肚档切成的片，也可以刀工处理成"火链片"或"蝴蝶片"。这是需要经过猛火爆炒后成菜的，成菜的口感以"脆嫩"为主。

上述两种取料，一般都取自雄性大黄鳝。

五、鳝骨

鳝骨一般是经烫杀或生杀，并剔除鳝肉之后，包含黄鳝头尾部位总称。这在淮扬菜厨房里，是万不可扔掉的妙物。一般我们将净主骨切成"寸金段"（长点也无所谓），然后进热油锅里反复酥炸，一直炸到鳝骨酥脆（以刀把轻轻一磕，就轻松爽脆地断开的那种程度为准）。这种炸酥掉的鳝骨，一般会单独存放起来。如果需要冲奶汤，比如各类鱼汤或者猪肚汤的时候，用纱布包起一大包来扔进奶汤里去，会产生一种妙不可言的骨香味。

鳝鱼头和尾，一般直接煸炒后放进各类鱼汤里冲汤用。比如鱼汤馄饨或者鱼汤面的那种鱼汤，就用了炸过的鱼骨和煸过的鳝鱼头尾。

六、鳝血

烫杀后的黄鳝血，一般凝结成条，可以单独取出，用来做"血丝炒韭菜"。

以上，我们初步完成了关于一条黄鳝的"格物"。

只有充分了解到不同生长期的黄鳝各有不同的"美"，我们才有可能对它们进行更为精细的"分档取料"，也才会有各种菜肴设计之初的那个"因材施技"。

　　而黄鳝类菜式不管怎么做，都要突出不同生长期的黄鳝的那种独特的美来。

　　我们当然不可能把每一道黄鳝菜全都讲完，事实上也没有那个必要。下面，我们列举这些菜式中知名度、美誉度最高的几道菜式，看看淮扬菜都是怎样具体落实"分档取料、因材施技"的。

　　且听下回分解。

摄影 周泽华

炝虎尾

虽然整个夏秋时分，都会有刚刚变性的"笔杆鳝"，也都可以吃到"炝虎尾"，
但"炝虎尾"往往是淮扬菜初夏小暑时分的一道时令菜。
它可以是一道凉菜，但最好"凉菜热吃"。
淮扬菜术语中，"浴"和"焐""养"是一个道理。
对付"虎尾"这种材质，就得用这种温柔而坚定的火候来伺候，
它才会产生一种极致细嫩的口感，而同时鸡汤也会使鳝背增鲜。

虽然整个夏秋时分，都会有刚刚变性的"笔杆鳝"，也都可以吃到"炝虎尾"，但"炝虎尾"往往是淮扬菜初夏小暑时分的一道时令菜。它可以是一道凉菜，但最好"凉菜热吃"。

我们先来看看这道菜的菜谱，然后再退回到原点来，体会一下菜谱背后的设计"初心"。

炝虎尾的菜谱是这样写的——

"将鳝鱼脊背入沸水锅中焯水，捞出沥去水分，取其约三寸长，尾部理齐，鱼皮朝下，扣入碗内，放上姜、葱、绍酒、熟猪油，加鸡清汤，上笼蒸十分钟取下，滗去碗内汤汁，拣去姜葱，翻身复在盘内，上放蒜泥、胡椒粉，浇上酱油、醋。同时炒锅上火，舀入麻油，放入花椒，炸至花椒焦枯捞去，将油浇入盘中蒜泥上即成。"

看起来不难吧。但菜谱上永远无法写下每一个寻常步骤背后的分寸把控以及其原因。

首先，入沸水锅中焯水。啥意思？

黄鳝是无鳞鱼，它的体表是带有黏液的，而且这种黏液是相对比较腥的。虽然经过烫杀后，大部分黏液已经去掉了，但残存的黏液还会带有一定的腥气。这就需要迅速地"飞水"。须知焯水过了头，鳝背的肉质就会失去软嫩滑鲜的"灵气"。所以这里的焯水，不是"冷水下锅，大火烧开"，那种火候是为了去除肉里面的血沫的。这里"飞水"的目的，仅在于去腥。所以这个"沸水锅"，实际上是将水烧开后，舀进一碗凉水进去的，这样水温就不会是滚开状了，然后将鳝背放在漏勺里，下锅余烫一下就顺势捞出。如果完全是下沸水

烫黄鳝的底汤锅

双脊开背划黄鳝

锅呢？也不是完全不可以，但那样容易过火，也容易破皮。

接下去排扣鳝背，放小料。这是和"扣蒸"差不多的步骤。但和扣蒸不一样的，就是碗里放了鸡清汤。而这里的"蒸十分钟"，什么意思呢？

放在鸡汤中上笼去蒸，这叫作"隔水炖"，这只碗是不可以封口的。如果没有鸡清汤，蒸笼里的温度很可能是超过 100 度的，那样虽然放了熟猪油，鳝背仍然可能会蒸破皮，再就是过火以后的鳝背口感往往会"绵软"。有了鸡清汤的保护，就算旺火足气，鸡汤也会先沸腾，汤会冒出蒸汽来，而下面的鳝背是浸在热鸡汤中的，相对火候就要温柔得多。

虎尾用清鸡汤炖入味

这叫作"浴"，它和"焐""养"是一个道理。对付"虎尾"这种材质，就得用这种温柔而坚定的火候来伺候，它才会产生一种极致细嫩的口感，而同时鸡汤也会使鳝背增鲜。

最后一步，才是"热炝"。

"炝"分为"热炝"与"冷炝"两种，它们都包含了"拌"的成分。但区别在于——"热炝"是将辛辣小料用热油炝香后，浇进去拌；而"冷炝"是主料滚热的时候，将各种调味料下去趁热去拌（"冷炝"与"凉拌"是有区别的）

炝虎尾要补猪油

为啥"炝虎尾"要用"热炝"呢？这还是因为虎尾中可能、残留腥气的缘故。所以小料里得重用花椒、蒜泥、

响油热炝

胡椒粉这些辛香味较重的调味品，而且它们的用量偏大，其味觉浓度要形成绝对刺激性的"显味"。

"炝虎尾"，最佳品尝时段当然是趁热吃，但它却往往被列为冷菜。也就是说，这道菜即使冷下来，也仍然不失为一道好菜。这就符合了凉菜的选美标准——"酒饭两宜"。

最后再从菜肴设计的角度来看，对"虎尾"这种食材，为啥最终定型为这样的烹饪工艺。

对付质地细嫩的食材，最常见的烹饪工艺是"清蒸"。比如清蒸鳜鱼、清蒸刀鱼。但清蒸对付的食材，往往是几乎没啥缺点的食材。而"虎尾"的残存黏液及相应的腥气，决定了清蒸这种工艺并非上佳。

那么，如果把"虎尾"像虾仁和鱼片那样"清炒"呢？当然是可以的，先贤们肯定也做过类似的尝试，但最终他们发现，更适合炒的，其实是"软兜"。因为炒菜的菜肴造型必然失之于散乱平庸，但从选料上看，"虎尾"实际上是比"软兜"更高档的，得为"笔杆鳝"的鳝背"量身定做"地设计出一种能彰显其身份地位的菜式来。

这就是"炝虎尾"的烹饪工艺方案最终定型的设计初心。

炒软兜

炒软兜的妙处，在于入口后的那种"刚柔并济"感。

"刚"的，是浓烈的胡椒、蒜泥味，"柔"的，是鳝背软嫩爽滑的口感。

当味感上的刚猛与口感上的柔嫩同时袭向你的舌尖时，

你才会发觉，这种"痛并快乐着"的味觉体验真的是妙不可言。

炒软兜的妙处，在于入口后的那种"刚柔并济"感。"刚"的，是浓烈的胡椒、蒜泥味，"柔"的，是鳝背软嫩爽滑的口感。当味感上的刚猛与口感上的柔嫩同时袭向你的舌尖时，你才会发觉，这种"痛并快乐着"的味觉体验真的是妙不可言。

软兜只取鳝背

但这种味觉艺术上的美妙体验，不是靠形容词堆出来的。这道菜的烹饪工艺，重点有四个环节，分别是"一烫、二划、三余、四炒"。这四步环环相扣，每一步都要为后面的步骤"留下气口"。这样，最终的成菜，才能做到"刚刚好"。

简单地说，就是每一步既要做完自己的本职工作，还得考虑着让下一步更为顺手。

第一步，"烫"。

烫黄鳝，一般分小批量与大批量两种，小批量的烫杀方法，请参见上文"锅贴鳝背"里的做法（这个步骤是一样的）。而炒软兜一般是淮扬菜馆里的常备菜，所以，它的烫杀，一般都是大批量处理的。

大批量指的是同时烫杀十斤左右的黄鳝。

这得事先做好一只烫黄鳝的大桶，它与普通的桶只有一点不同，就是桶的底部，得留一个出水口，这个出水口是个管状物，靠近桶壁的里面带一个滤水的铁丝网，出水管的外面以软木塞塞紧。

锅中放葱结、姜片、绍酒与陈醋，将它烧开待用。将大批黄鳝倒入空桶内，然后将一小碗盐直接倒进桶里去。黄鳝是无鳞鱼，碰上了盐，它可真是腌得痛啊，于是，它当然就会剧烈挣扎，这一扭，就把盐给搓到其他黄鳝身上去了……最后，所有的黄鳝都在桶里翻腾起来，绞成一大团。

要的就是这个效果，这样才烫得均呢，要是它们都不动，那大批量的黄鳝，上面的接触到的是开水，下面的很可能是被热水"沤熟"的。只有当它们全都动起来时，才能确保均匀地烫熟。接着，可以把烧开的那锅水倒进去了，盖上锅盖。过一会儿黄鳝就僵硬了，揭开盖子，搅拌一下，再稍焖它一会儿，拎起一条黄鳝的尾巴来看，如果这时候"提尾见直"了（详见"锅贴鳝背"的预处理步骤），那就赶紧拔掉桶子底部的软木塞，热水会从底部迅速地流走，这一桶黄鳝就差不多烫得刚刚好了。

为啥烫黄鳝的桶子要这样设计呢？这就跟"一烫"的目的有关。

"炒软兜"的受热过程一共有三步，烫、氽、炒，如果把最后成菜时鳝背的受热程度视为刚好的话，那么，"烫""氽"这两步受热就是受限的，都得"给我悠着点儿"，得给后面的"炒"留下一口气。"烫"这一步的分内事有：一、确保均匀烫杀；二、确保鱼皮完整；三、去腥增香除黏液。在此基础之上，尽量多给后续加热"让"出一口气。也就是说，须确保让此时的黄鳝处于"半熟"状态。

这下你就懂得桶子下面那个出水口的作用了吧。当"烫"这一步的主要任务完成以后，要尽快（且方便）地让热水流走。

第二步，"划"。

划黄鳝得使用竹木制的工具来划，而不能使用金属材质的刀具。

这是由烫杀后的黄鳝肉质条件决定的。黄鳝烫杀僵硬后，其体内的肉质，有一个薄弱点，

划黄鳝

那就是沿着主骨，鳝背与鳝肚之间的连接处，实际上是两种不同的肌肉组织，相对比较容易分开。烫杀后的黄鳝一般是蜷曲着的，而竹木质地的工具相对硬度不是太高，这样贴着主骨向后划开的时候，鳝肉会沿着组织肌理，随之裂开，这样鳝背和肚档的肉是完整的。而金属材质的刀具就太硬了，刀口划到哪儿就断到哪儿，鳝背和肚档不能自然裂开。这就容易破皮且鳝背肚档的分档取料，互有残余不清爽。

第三步，"氽"。

划好的鳝背一般是提前批量处理好的，到炒之前，已经冷下来了，鳝背鱼皮上残留的黏液会带有腥气。而且这时的鳝背的质地也相对较为僵硬，所以两方面都需要热水此时来帮个忙。

氽鳝背有两种处理方式，一种是水氽，另一种是鸡汤氽。这里没有对错之别，只有境界高下，你自己看着办吧。

"氽"这一步，菜谱上一般写着用"沸水氽烫片刻"。但实际操作上，仍然要惦记着给后续的"炒"留一口气。所以，这一步实际上以"焐"

炒只是合个味

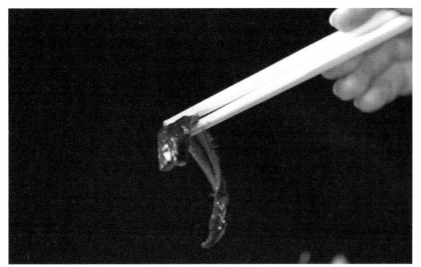

软得能兜得住卤汁

为佳，"焐"软下来就可以了。万不可没心没肺地把鳝背扔在汤锅里不管它，那可就由"汆"变成"煮"了。

实操中，笔者所见过的较好的水汆法是这样的，将水烧开后，舀一碗凉水进去，然后将鳝背放在大漏勺里下水锅，用筷子将它翻匀，等鳝背软下来，就提起漏勺。这样控制着，火候一般不会过头。

第四步，"炒"。

"炒菜"在宴席桌上的地位，有点相当于协奏曲中的炫技性的华彩独奏。这类菜式往往是一位厨师刀工、勺工、调味三大基本功最好的试金石。

中式烹饪中的"炒"，可细分为生炒、干炒、滑炒、软炒、焦炒、抓炒、熟炒这么几种，不管是哪一种，都属于"炫技派"。

所谓"炫技"，炫的是什么呢？那就是在高温热油短时间的加热条件下，使原料既能变性成熟，又能保持鲜嫩，还能使油的香气以及调味品迅速融合。业内有谚曰："熟熟容易致嫩难"。而要想把菜炒嫩，不仅对原料要求高，而且刀工、勺工、调味这三者都不能有丝毫马虎。

"炒软兜"属于"熟炒"，也称为"啜炒"。下锅炒制前的熟料，是既不上浆也不腌渍的，而主料本身已经基本接近成熟，所以留给最后一棒"熟炒"的空间，其实已经相当有限了。

　　"炒软兜"菜谱上，熟炒这一步是这样写的：

　　"炒锅上火烧热，放入熟猪油二两，烧至六成热，放入蒜泥、葱花、姜末略炸，下鳝背颠锅煸炒，加绍酒、酱油、糖，用湿淀粉勾芡，再加入熟猪油一两，淋醋、麻油，颠匀起锅装盘，撒上胡椒粉即成。"

　　这一步，看起来极简单，但步步有玄机，所以必须像放慢动作一样，才讲得清。

　　炒菜须炝锅。所谓炝锅，是先将铁锅干烧至热，然后下冷油荡匀并倒出，再下入冷油。这叫"热锅冷油"，粤菜称"阴油猛镬"，意思一样。

　　为了保持鳝背有足够的嫩度，也为了鱼皮不破，且短时间内炒出"镬气"来，"炝锅"最好要炝两遍，以确保它滑爽不粘。

　　炝好锅后，"下二两熟猪油，烧至六成热"，啥意思？其实"六成热"只是一个泛指，油温达到五成以上时就可以下鳝背了，但绝不可过七成（七成时油就冒烟了）。油温低了，油香出不来；油温太高了先接触锅底的部位容易焦枯。这一步既要确保鳝背够嫩，同时又要给合味和镬气留出恰当的升温空间。所以在油温六成左右时下料，是最合理的。

　　接下去的调味品，实际上不是一样样先后放下去的，没有那样的时间，那是事先把它们调兑好了的，这叫"兑汁芡"。注意，颠匀了差不多就可以离火了。

　　"再加熟猪油一两，淋醋、麻油"，这都是味道上的"外挂"，淋熟猪油是为了芡汁发亮，这叫"明油"，而这里的明油，最好是熬过的蒜油。这里的陈醋，要沿着锅边淋下，这叫"锅边醋"；麻油则淋在中心部位，可有可无。这几步实际上已经是离火操作了。

白煨脐门

很多传统淮扬菜看起来在今天好像还在，

但实际上，已经是徒有其形，名存实亡了。

"白煨脐门"就是这样的一道很可能"似是而非"的淮扬经典菜。

文火三大工"炖、焖、煨"，这三种烹饪工艺看起来都差不多，

但这三者在具体用法上有不少细微的差别。

如果主料的材质压根儿经不起"煨"，

那干吗还要专门去取那个"脐门"去设计这道菜呢？

脐门指黄鳝肚档

淮扬菜被称为"文人菜"，而"文人菜"并不是字面意义上的"文雅"，它指的是菜肴设计和制作上，"处处匠心，了无匠气"，不仅要将食材"物尽其用"，还要使成菜"止于至善"。

这与今天"效益至上"的功利心态是两种路线。所以，很多传统淮扬菜看起来在今天好像还在，但实际上，已经是徒有其形，名存实亡了。

"白煨脐门"就是这样的一道很可能"似是而非"的淮扬经典菜。

在讲"白煨脐门"这道菜的设计初衷之前，我们有必要先来认识一下何为"煨"。

文火三大工"炖、焖、煨"，这三种烹饪工艺看起来都差不多，因为它们都是用"水烹法"中的文火慢炖，其选材都是质地老韧坚硬的动物原料，而且它们的目的都是为了"储香保味"。但这三者在具体用法上有不少细微的差别。

在用料上——"炖"一般为整料下锅，如整鸡、整鸭；"焖"一般须将主料加工成块、条等中小型料；"煨"则可整可零。"炖"一般为单一主料，而"焖"和"煨"既可以用一种主料，也可以多种主辅料配置。

在预处理上——"炖"的原料既不腌渍，也不上浆挂糊，只需焯水后,即可炖制;"焖"的原料,多数经油炸、油煎(故常称为"油焖"),也有煮成半熟品后再焖(称为"原焖");而"煨"的原料,生熟原料俱可。

在汤水量上——"炖"法加水量最多,成菜都是宽汤菜;"焖"法加水量最少,成菜无汤有汁,卤汁肥浓;"煨"法加水量适中,多为半汤半菜。

在火候上——"煨"法火力最小,加热时间最长;常规的"炖法"(就是除"隔水炖"外的清炖和侉炖)次之;而"焖"法所用火力稍强,加热时间是三者中相对较短的。

简单地说,什么样的食材,才需要去"煨"呢?

一般都是老、硬、坚、韧的动物性原料。比如老母鸡、老公鸭、牛肉、猪肚、蹄筋这一类的食材。它们的耐热性要好,这样才经得起微火长时间加热,而最终我们需要的,是那种软熟酥烂的口感效果。这就是文火菜的"摧刚为柔"。

改革开放前,水产养殖业还不太发达,黄鳝养殖接近于天然养殖。那时候几乎没有会"驯饲"。淮扬菜中的黄鳝类菜式,原先基本上是根据那时的食材条件设计的。

如前所述,所谓"脐门",原来专指的是黄鳝带有肛门(雅称为"脐门")的这一个整段(前后都要截去),最早的淮扬菜,也有取用这样带肛门的鳝鱼段来做"白煨脐门"的。但毕竟鳝段是带主骨的,食用起来不是太方便。于是,后来人们专门取用黄鳝的黄色肚档这一块来做菜,纯肚档不像整鳝段,它的肉质条件就统一了,淮扬菜把这条肚档称为

脐门焯水

鳝骨用来做底汤

熬金蒜

脐门烧开后要换砂锅煨

司厨 周佳佳

"脐门"。

不是所有的黄鳝肚档,都可以"煨脐门"的。

常见的一种说法是,黄鳝的鳝背拿去做"炝虎尾"和"炒软兜"了,那么分割下来的黄鳝肚档怎么办呢?拿去另做一道"煨脐门"。

看起来这种说法也挺合理的,物尽其用,不浪费嘛。但事实是,至少"炝虎尾"那种小黄鳝取完了鳝背后,那种肚档太小、太薄、也太嫩了,"煨"并不是它最好的烹饪工艺。

上佳的"脐门"取料,原来(水产养殖技术还不普及时)是专门取下雄性大黄鳝的肚档来,这一块的肉质条件,就"老"很多了。这种大黄鳝本身在淮扬菜里一般是整段取用的,"炖酥鳝""烧笙簫""大烧马鞍桥",都宜取用这种雄性期的大黄鳝。但淮扬菜厨师先贤们发现,这种大黄鳝的肉质条件与小黄鳝相比,其优点恰好相反,如果说小黄鳝是以鳝背的细嫩见长,那么老黄鳝恰恰是以肚档的紧实见长。

顺便说一下。"炝虎尾"和"炒软兜"取用了鳝背,那些肚档一般用于"淮鱼煮干丝";而"白煨脐门"取用了肚档,而对应的那个鳝背则是"叉烤长鱼方"的上佳选材。

"白煨脐门"这道菜的设计初心，就是这样产生的。如果主料的材质压根儿经不起"煨"，那干吗还要专门去取那个"脐门"设计这道菜呢?

所谓"白煨"，意即不放红酱油，汤汁浓厚并呈"绿豆色"。注意，这可不是奶汤，奶汤是以汤水为主的。而"煨"出来的菜，一般是半汤菜，即主料和汤同等重要。"白煨脐门"这道菜的汤水浓度比奶汤要高，所以称为"浓白"。

做法是：将蒜瓣在热猪油中炸香成"蒜油"。砂锅中放入竹箅，放入"脐门"，加"蒜油"、香醋、绍酒、白酱油、精盐、虾籽、鸡清汤，盖上锅盖烧沸后，移入文火，煨至脐门软熟酥烂。再加入新鲜蒜瓣，再焖十分钟左右，取出竹箅，收浓汤汁，撒上白胡椒粉即成。

但问题是，随着"科学"的发展，如今的水产养殖，已经带来了许多新的变化，而这种"科学"的立意和初衷，就是"用最小的成本、

最短的时间，生产出最多的水产品"来。笔者无意评点这种"科学技术"，只不过，事实就是如此——如今的水产品的产量是上去了，但味道和肉质都不再是原来那回事了。

那么，今天的"白煨脐门"和其他一系列的黄鳝菜式的烹饪工艺，也不得不随之发生改进，否则那就成了"刻舟求剑"。

如今的"白煨脐门"，取用的是体长在30-40厘米的中型黄鳝的肚档，这种"脐门"的肉质条件已经不可能像过去的老黄鳝肚档一样经得起"煨"了。那就需要多一道半处理的工艺，先将这些"脐门"炸成半酥，经过油炸之后，它的质地发生了一定的改变，这就经得起"煨"了，不过即使如此处理了，这种"煨"事实上也已经和"焖"差不多，它一般只能经得起半小时左右的文火，即可酥烂。

"白煨脐门"，是一道相对较为独特的淮扬菜，尽管这道菜如今不太常见，但作为"分档取料、因材施技"的一个典型案例，我们还是把它的前世今生一一列举出来，这样方便读者更具体地理解淮扬菜的设计初心。

大烧马鞍桥

所谓"大"，既不是指它的用料多或者名贵，

也不是指它的体量有多么的"大"，而是指它的工艺步骤，是"分别且多次"的意思。

"大烧马鞍桥"这道菜，菜谱往往是很难统一的，

因为具体的烹饪工艺，要看五花肉和鳝段具体的质感。

不同质感的原料，应该分别对应着不同的烹饪工艺。

但不管怎么做，最后的目的是一样的，那就是要把鳝段烧到软烂酥糯的地步。

先来解释何为"大烧"？

自清朝康乾盛世以来，扬州一直是训诂学、音韵学、文选学等"小学"的大本营。所以扬州这座城市以"小"而著称，也因此有"小扬州"的美名。许多著名景点比如瘦西湖、小金山、小秦淮、小盘谷等，也都以"小"而自称。

淮扬经典名菜中，以"大"命名的菜式也只有两道，即"大烧马鞍桥"和"大煮干丝"。那么，如何理解这个"大"字呢？

所谓"大"，既不是指它的用料多或者名贵，也不是指它的体量有多么的"大"，而是指它的工艺步骤，是"分别且多次"的意思。如果不加这个"大"，那么这两道菜就变成了普通的"烧马鞍桥"和"煮干丝"。 事实上，扬州以外的很多淮扬菜馆，在做这两道菜时，就是因为不懂那个"大"字应做何解，而把这两道菜给降级了。

"大烧"不同于普通的"烧"，就在于它也是需要分步骤来烧的。

我们说过，淮扬菜厨房里的第一门功夫，就是"审材辨材"，简单地说就是学会买菜。以黄鳝为例，从幼到长，它们分别对应着"炝虎尾""炒软兜""蝴蝶片""马鞍桥"等菜式，如果拿"笔杆青"这样的小黄鳝来做"马鞍桥"，那么笑话就闹大了。

黄鳝的天然寿命一般为6—10年，在人工饲养条件下，最长者可以活到15年。其中，野生黄鳝因为吃了上顿没下顿，所以它的个头相对长得较慢。这样黄鳝的年龄越大，它的肉质就越老（当然个头也越大，也不是越大越好，太粗了也不好）。如何辨别黄鳝是否野生，请参见前文《一条黄鳝的"格物"》。

"大烧马鞍桥"的取料，主料是雄性大黄鳝，其材质当然是老一点的更好，那样才经得起烧嘛。而这道菜的辅料，是五花肉。

为什么要这样搭配呢？这是由大黄鳝的肉质条件决定的。大黄鳝的肉质有点类似于鮰鱼或鳗鱼，它的肉质条件是紧实的，如果烧的工艺不出大错，那么它一般可以达到一种"软烂"的效果，而如果取料和工艺都达上佳，那么这道菜有可能达到"软糯"的效果。

但是，要想把红烧鳝段烧到"自来芡"这种地步，还是需要一定的辅助条件，那就是必须有一定的脂肪的辅佐，而黄鳝体内的脂肪含量不够，且其味性相对比较淡薄，所以得用五花肉来帮个忙（类似的道理，红烧鮰鱼和红烧河鳗也需要肉汤和猪油的辅佐）。

那么问题来了，上好的"硬五花"，红烧时一般需要烧两小时左右才会"糯"，而最老的黄鳝段也经不起这么长时间的文火考验。所以简单地说，这道菜其实是先把红烧肉做到一半时，再把鳝段下去接着红烧。这就是所谓的"大烧"。

"大烧马鞍桥"这道菜，菜谱往往是很难统一的，因为具体的烹饪工艺，要看五花肉和鳝段具体的质感。不同质感的原料，应该分别对应着不同的烹饪工艺。但不管怎么做，最后的目的是一样的，那就是要把鳝段烧到软烂酥糯的地步。

这里我们先来看一看最佳原料，也就是上佳的"硬五花"和野生的大黄鳝鳝段是怎么做的。

大烧马鞍桥主料

上佳的硬五花往往可以经得住近两小时的文火慢烧，如果把肉视为辅料，则将其切为鸡冠状的厚片，下锅煸炒至变为白色，然后再放汤水佐料去红烧。这是传统淮扬菜的古法。但经过煸炒后，五花肉的瘦肉部分会脱水，烧好后，瘦肉往往会柴。所以，笔者认为，最好是将五花肉预煮至熟，然后冷却下来压紧定型，再切成方形的肉块去红烧。这样五花肉可以确保烧出来后不变形，而且可以达到红烧肉本身的最佳口感，即皮比肥肉好吃，肥肉比瘦肉好吃，而瘦肉可以达到入口昵化的酥烂口感（强调一下，这只是笔者的个人见解）。

马鞍桥段子长这副模样

马鞍桥焯水要加醋

肉片先下锅

鳝段后下锅

　　如果五花肉自身的条件不算太好，那么红烧的时间也不可以过久，市面上常见的五花肉，一般只能红烧一个半小时（再烧下去就过火了，肥肉会脱形），那相应的时间也要缩短。

　　而鳝段呢，需要在每一段的鳝背部位靠两端预先切两刀，深及主骨，这样每一段鳝段就多了两道切口，这种鳝段在受热后，会沿切口向两端舒张开，自然形成"马鞍"状，这就是"马鞍桥"这个名字的由来。

　　鳝段的肉质如果比较紧，那么它大概可以受得住 40 分钟的红烧火候。待五花肉烧到还剩下四十分钟就到位的时候，下入略煸过的鳝段，一起去红烧。

　　如果鳝段本身的肉质条件不够紧实（现在大多数的黄鳝都不够紧实），那么再用这种方法去烧就麻烦了，因为你很难判断它的肉质条件，到底能经受得住多长时间的红烧火候的考验。

　　所以，最为妥当的处理办法是，将切好的"马鞍桥"生坯，入油

锅炸成半酥（七成火候下约 3—4 分钟），这一步无法量化，因为鳝段的肉质条件、油量多少、油温高低和鳝段的分量多少，都会对炸的时间有影响。判断的标准，应该是看鳝段是否炸到"半酥"的状态，也就是鳝段外表脆硬、内里还有足够的弹性。

炸至半酥状态的鳝段，应该可以烧得更久一些。而文火入味的时间拉长，也标志着"马鞍桥"的风味和口感更佳。

总之，"大烧马鞍桥"这道菜没有什么可以写下来的"成法"，因为一切工艺手法都要视主辅料的材质本身来定。而这道菜的最终成菜效果则是相同的。那就是——

鳝段入口柔软酥绵，肉香醇香馥郁，芡汁胶滑，如胶似漆。

行文至此，我们大致通过对一条黄鳝的"格物"，了解了淮扬菜中的黄鳝类菜式设计之初的那个出发点——分档取料，因材施技。当然，我们没有必要把所有的黄鳝类菜式都在此一一罗列，因为比这些具体的做法更重要的是，如何从根本上，学会淮扬菜设计之初的那种思维方式。只有在具体的实践中逐步体会到这种"处处匠心、了无匠气""虽由人作、宛自天开"的烹饪理念，才有可能真正掌握淮扬菜的精髓，并举一反三。

摄影 周泽华

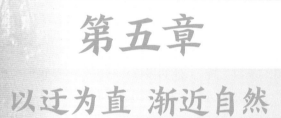

第五章

以迂为直 渐近自然

一道菜的关键，往往取决于一两道关键步骤，
研究透它，再拆解成"分解动作"

庄子曰："圣人者，原天地之美，而达万物之理。"

中国人对于"美"的理解，往往源自于我们对大自然的观察和对天道的感悟。而任何艺术门类，在追求美的过程中，往往都会发现，"自然美"是艺术的最高境界，但却往往可遇而不可求；而"人工美"虽然可以随心把控，但却难免存在人为斧凿的"匠气"。那么，怎样从必然王国走向自由王国，就成了一种"修行"。

打个简单的比方——不管你搞的是书法、绘画、音乐、舞蹈、戏剧、园林哪一行，原来啥也不会的时候，入门没啥难的。可是学到一定层次以后，你会发现，要想成为大师级别的人物，实在是太难了。因为人家出手的作品，看起来浑然天成，好像天生就该如此一样妙不可言，而普通人出手的，却往往会带有邯郸学步的痕迹。

中华美食，同样也是如此。做菜本身看起来好像人人都会，但是普通人为啥总是做不过烹饪大师呢？因为人家比你更懂得"天地之美"和"万物之理"，他的操作步骤看起来跟你差不多，但他懂得为什么要做这一步，这一步需要达到什么目的。而普通人只是看着菜谱"依葫芦画瓢"。

在淮扬菜中，红案厨师的功夫，一般分为"炉、案、碟"三个大类。"炉"和"案"决定了菜肴的内在质量档次，而"案"只是菜肴的装盘美化。虽然在厨房管理上，"炉"和"案"各有分工和侧重，但在学艺时，"炉、案"是必须连在一起学的。因为"案"的每一步操作，都是为"炉"这个最后的"临门一脚"服务的，而临灶的那个司炉者，也必须对"案"的细节工作充分了解。因为"案"的含义不仅仅是刀工切配，还包括了各种临灶前的预处理；而"炉"的含义也不仅仅是勺工、调味，它往往还暗含了复合技法和分次赋味。

淮扬菜的微妙之处，往往在于，一道看起来非常简单的小菜，比如像炒鱼片、炒虾仁、煮干丝、清蒸鱼这样的一些看起来好像是"入门"功夫一样的简单菜式，往往能够出人意料地精彩。其原因就在于，一般厨师的操作步骤往往是大而化之的，但淮扬菜里，却往往会把这些步骤仔细拆分开来。

其实，能够使得"平凡"的食材，最终"不凡"起来的一个重要原理，源自于淮扬菜的一个基本理论——以迂为直，渐近自然。

摄影 周泽华

大煮干丝

从"去其糟粕"，到"改换门庭"，再到"脱胎换骨"，
干丝看起来仍然是那个样子，但其内在质地已经发生了根本的改变，
"此干丝"已经不再是"彼干丝"了。
这种"于无声处听惊雷"的味觉艺术效果，
才是"大煮干丝"这道菜的最终目的。

豆腐干本是再寻常不过的食材了，但在淮扬菜里，"干丝"却往往在食客的心目中，占据了独一无二的特色地位。

豆制品的制作，一般都有泡豆、磨浆、煮沸、点卤、蹲脑到压滤这么几步，这些步骤虽然也处处暗藏玄机。但总的来说，扬州城并没有特别好的水，扬州的豆腐干最多也只是中规中矩而已。要说有啥特别之处，无非是扬州豆制品的豆渣滤得比较彻底，豆腐干的质地相对较为细腻。这是由销量决定的，因为"白干"最大的客户群体，就是遍布扬州城的各大茶社，而早茶桌上的"烫干丝"往往是早茶客们的最爱。如果豆腐渣去得不够彻底，那么"干丝"就易断易碎，这显然会被精明的早茶客们吃出来。

但这种看起来极为普通的"白干"，经过淮扬菜厨师的加工之后，却能体现出一种独有的质感。那就是根根粗细均匀，不散不碎也不抱团，

平凡的豆腐干

其质地兼具"软、绵、弹、滑"四美。

不了解淮扬菜的人，往往对此表示不可思议。因为普通的豆腐干丝，好像无论如何都很难处理出这种质感来。

那么淮扬菜是如何将普通的豆腐干丝"化平凡为不凡"的呢？

我们以美食文化的"上帝视角"来重新审视一下"大煮干丝"的工艺步骤——

所谓的"大煮"不同于普通的"煮"。这里的"大煮"如同"大烧马鞍桥"里的那个"大烧"一样，意指把普通的"煮"或者"烧"分解成几个步骤来精细操作。

干丝为什么要"大煮"而不是"煮"呢？

这当然是因为"煮"这种烹饪工艺，相对于"干丝"这种食材来说，是不够合理的。

平批如点将，片要匀 这比薄更重要

快切似跑马

一烫"过冷河"

干丝的口感质地，取决于这些干丝内部的大豆蛋白是如何受热变性的。如果直接让干丝在水中受热，那就是"煮"，这样干丝里的植物蛋白在受热变性时，很容易互相粘连。而且里面的豆腥气往往也不能有效地排出，其口感质地也很容易在过热的条件下，变得"糟"而"柴"。

那就必须将干丝受热这一过程，人为地拆分开来。这就是"大煮"。

所谓"大煮"，经典的操作方式原来是这样的——

第一步"去其糟粕"。

将干丝放在大号的密漏勺中，下入滚开的水锅，用筷子将干丝拨散开来，迅速地汆烫一下，待干丝质地"挺身"之后，迅速提起密漏勺，将滚烫的干丝倒入放有冰块的冷水之中。

为什么要这么做呢？

首先，这一步可以将干丝中的豆腥气初步去除，同时，干丝受热后，植物蛋白初步变性。但这一步万万不可将其完全煮熟，汆烫到干丝挺身的时候就差不多了。

其次，将滚烫的干丝投入冰水中"激一下"，"热胀"中的干丝此时会骤然"冷缩"，这样干丝的质地就会变得爽滑弹牙。这种操作手法，业内称为"过冷河"（上海的"白斩鸡"，广东的"白切鸡"也都有此手法）。

第二步"改换门庭"。

将干丝投入滚热的"毛汤"之中，再次拨散，用中火将其煮至熟透后捞出。

这里的所谓"毛汤"，原意指利用清汤制作后的主料，再加水煮制而成的汤，因为这种汤的味道已经不那么浓了，而且也无须做得那样清澈，它只不过比白开水稍好一些而已，因而称"毛汤"。不过，如今用鸡架、鸭架、杂骨、碎肉等下脚料煮成的品级不那么高的汤，也称为"毛汤"。

这一步处理完后（无须再次"过冷河"了），干丝已经完全成熟，其内部的豆腥气也完全去净，而且"毛汤"也给了它们一个起码的鲜味底子，只不过此时的鲜美程度还远远不够而已。

第三步"脱胎换骨"。

将预制好的高汤烧开，将干丝及熟鸡丝、笋片等配料投入锅内，再度烧开后即可关火上桌。

说明一下，"大煮干丝"这道菜一般是"整供"（也就是连锅一起上桌）的。所以，前面两步一般为了操作便利，都是在炒锅里完成的，而第三步一般则是在砂锅里。这一步的操作，意味着此时的干丝，已经几乎是

用毛汤"改换门庭"

用鸡汤"脱胎换骨"

不再"煮"它了，只是将配料下去与干丝和汤一起合个味而已。而合味这一步，也不需要再开火，砂锅本身是陶质的，保温性能良好，这就是"套汤浴料"，业内称为"煮汤不煮干丝"。

从"去其糟粕"，到"改换门庭"，再到"脱胎换骨"，干丝看起来仍然是那个样子，但其内在质地已经发生了根本的改变，"此干丝"已经不再是"彼干丝"了。

在鲜汤浸润和辅料映衬下，干丝已然根根软绵弹滑，不断不碎也不抱团，其内部饱含鲜美的汤汁。无论是口感还是味感上，它都足以让人"刮目相看"了。

这种"于无声处听惊雷"的味觉艺术效果，才是"大煮干丝"这道菜的最终目的。

以上三步，就是大煮干丝这道菜的灵魂和关键。懂得了这三步，包括懂得这几步背后的设计思路，你才会从根本上懂得淮扬菜"以迂为直，渐进自然"的精髓。

至于高汤（实际上，汤的质地是"浑汤"）怎么做，配料里到底该放些啥，这些统统不那么重要了，只要秉承着"敬事如神"的宗旨，不去以次充好、以假乱真地胡来乱搞都是可以的。

此外，在实际操作中，上述三步也是可以随机变通的，比如没有"毛汤"时，也可以用开水来代，只不过这一步的目的，仅仅是完全去除豆腥味和使干丝完全致熟而不致抱团。所以，千万不要以为淮扬菜有着什么"唯一正宗"的做法，只要能够达到每道菜肴的设计要求，无论怎样变通，都是可以的。这就是佛家强调的"不二"。

为了更好地理解"大煮干丝"，你最好了解一下这道菜的来历。这可是与这道菜的演化成形，乃至与整个淮扬菜的风格定型，都是有关的，你可以从这段演化史中，对淮扬菜的审美理念"窥斑见豹"。

大煮干丝这道菜的前身，是乾隆年间的"九丝汤"。据清乾隆年间的《调鼎集》"北砚食单"篇记载："九丝汤——火腿丝、笋丝、银鱼丝、木耳、口蘑、千张、腐干、紫菜、蛋皮、青笋或加海参、鱼翅、蛏干、燕窝俱可。"

《调鼎集》是乾隆年间的一部奇书。这本书共分十卷，记载了清朝扬州多种菜肴的菜谱，其中荤素菜肴二千多种，面点主食二百多种，调味品一百四十余种，干鲜果三百三十余种。这是中华美食史上的"清代菜谱大全"。

不断不碎不抱团

简易而不简单的大煮干丝

我们今天提起美食来，好像是一种很高雅的文化。但笔者要告诉你一个事实：那就是美食在中国，其实一直是一个被看不起的、不入流的、"下人"从事的行当。乾隆南巡时，美食的文化地位虽然有所提高，但放眼全国，从事这一行的人，仍然是被瞧不起的，更别说去研究这里面的学问了。

从 1681 年康熙第一次南巡，到 1784 年乾隆最后一次南巡，时间跨度为 103 年。这一百年间，是皇帝南巡沿线上的各大城市"文化建设"的高峰期，也是淮扬菜迅速崛起并定型的时间段。如果我们把这一百年单独列出来研究一下，我们会发现，清代中国文化史、思想史上的许多重要节点，比如戏剧理论、造园理论、绘画理论和朴学理论都曾在这一阶段产生了重大进化。这些文化思想的重大演变，为淮扬菜的定型提供了坚实的文化土壤。

"九丝汤"诞生之初，应该曾经在当时的扬州大受追捧，否则这道菜不可能被《调鼎集》列入其中。但在《调鼎集》所处的乾隆年间之后，定型后的淮扬经典菜中，却很难再找到"九丝汤"这道菜的踪迹。而取而代之的，就是今天的这道"大煮干丝"。

也就是说，一定有人发现了"九丝汤"中存在着设计上的硬伤，也一定有人为这道菜的改良做出过深入的思考和探索。只不过，由于史料的缺失，我们不知道是什么人、在什么时候，把"九丝汤"改进成了"大煮干丝"而已。

那么，"九丝汤"到底存在着哪些设计上的硬伤呢？

首先，用料过于"显摆"。火腿、口蘑、银鱼，这些食材相对就已经比较名贵了，而海参、鱼翅、燕窝则更为名贵。倒不是这些名贵食材本身不好，而是"把富贵写在脸上"，这种做派往往只适用于官场或生意场上抬高身份的"显摆"；**而文人们最反感的，就是那种直白的张狂。在以"扬州八怪"为代表的这群扬州文人看来，这实在是"俗不可耐"**

的，甚至简直就是不知羞耻为何物的"无耻"。

其次，"九丝汤"的烹饪工艺就是"煮"。而用了这么多好原料，傻瓜都能把这道"九丝汤"给做好。哪里还有什么"旨趣""风骨"和"境界"？哪里还能看得出什么"匠心""造诣"和"高远"的追求？这种"穷得只剩下钱"的菜式，实在是"很不扬州"。

那么我们该怎么办呢？

很简单，将"九丝汤"中所有"恶俗"的名贵原料统统拿掉，我们以"九丝"中最平常也最不起眼的豆腐干丝为主料，重新设计出一道"返璞归真"的新菜式来。

从"煮"到"大煮"的演变，实际上是一个风向标。它标志着淮扬菜在定型时，曾经经历过一个设计思路上的纠结期，那就是美食的终极目的到底是什么？

站在扬州文人的角度来看，"好吃就是硬道理"，可能只是个肤浅认知。因为美食的那个"美"，不仅包含了"好吃"这个最表层的审美取向，还应当包含更深层次的如何与天地万物"和谐共存"的哲学道理。这就是"大煮干丝"取代了"九丝汤"的深层原因。

最后，我们有必要补充一句。"九丝汤"和"大煮干丝"这两道菜，是由不同的烹饪审美理念决定的，并没有谁对谁错这样的问题。

乾隆南巡那个年代，炫耀太平盛世是一种政治正确，"九丝汤"是符合上流社会所需要的"和谐""团结"和"富足"感的。但对于清流一族的扬州文人而言，"简约""内敛"的"大煮干丝"才能代表着他们的精神需求。而到了市场经济为主导的今天，审美的导向与当初的"文人菜"理念有所不同了。而"九丝汤"也有了新的存在价值。

也就是说，美食的审美价值取向，同样不可以刻舟求剑。从"九丝汤"到"大煮干丝"的这种演化，只是不同历史背景下的价值取向不同，并不是一个"非此即彼"的对立关系。了解这段美食演化历史，只是为了更好地面对未来。

清炒虾仁

把清炒虾仁做出来，一点都不难，但要想把这道清炒菜式，

做到如同风姿绰约、温婉如玉的"简约美人"一般，那可就是要考厨师了。

外观应细腻光滑，而不是疙疙瘩瘩；

色泽应温润如玉，不是通体泛红；

口感应细嫩弹滑，而不是糟绵软塌。

所谓"三口为品"，宜细品之物，往往需用心体察其观感、味感和口感之妙，

而这种体验感，往往是"妙处难与君说"的。

一方水土养一方人，江苏沿江一带，是长江中下游的冲积平原，这种舒缓平坦，小桥流水的平原，必然孕育出一种冲淡平和的文化性格。所以它往往令人联想起一盏绿茶、一坛黄酒、一曲《茉莉花》、一幅水墨山水画这样的情境，而在淮扬菜餐桌上，这种文化性格最好的"形象代言人"，就是一盘清清爽爽的清炒虾仁。

书法中最不好写的字，就是独体字，而清炒虾仁，就好比是淮扬菜中那种最不容易藏拙的独体字。

"清炒虾仁"是一道很典型的淮扬菜，看起来极为普通，极为简单，但实际上无论是食材的取料还是加工的过程，都极为细腻讲究，这是一种低调的奢华。这道菜虽然也是一道"过口"小菜，但它却是一道既不宜下酒，也不宜下饭，只宜独品的菜式。须知在淮扬菜中，能把一道菜做出"宜品"的境界，并不容易。

所谓"三口为品"，宜细品之物，往往需用心体察其观感、味感和口感之妙，而这种体验感，往往是"妙处难与君说"的。比如虾仁外观上是否细腻光滑（而不是疙疙瘩瘩），色泽上是否温润如玉（而不是通体泛红），口感上是否细嫩弹滑（而不是糟绵软塌）。

总之，把清炒虾仁做出来，一点都不难，但要想把这道清炒菜式，做到如同风姿绰约、温婉如玉的"简约美人"一般，那可真的要考厨师的细节处理水平了。

清炒虾仁这道菜，菜谱上所能记下来的，只是其中必不可少的操作步骤，但如果只是照着菜谱"依葫芦画瓢"，几乎不可能把这道菜炒出"境界"来。因为每一道看似简单的步骤，实际上都是蕴藏着许多难以写下的细节的。

先来说取料，江苏沿江一带，往往把"青虾"称为"河虾"或"草虾"，虽然这种青虾四季都有，但以每年的暮春时节，也就是每年的五一节前后为最佳。因为一旦过了立夏，青虾就会怀孕"抱籽"，所以青虾肉质最肥美的时节，应是"抱籽"的立夏之前。

青虾以长须白壳者为佳

　　如今的淮扬菜餐饮市场上，"清炒虾仁"是一道常备菜式。而它们的取料，往往是袋装的、剥好并上了浆的预制虾仁，用这种原料炒出来的虾仁，基本上属于"产品"级的，这里不予置评。我们这里主要讲"作品"级的"清炒虾仁"。

　　上佳的"清炒虾仁"，取料应是活虾现剥的虾仁，只有这种现剥的虾仁，才有可能最终炒出细嫩弹滑的独特口感来。而青虾本身，当然是粒大晶莹、活力十足的为好（不过如果是小粒的虾仁，只要大小均匀，也可取用，只不过口感稍逊）。

　　要想把虾仁炒得洁白如玉，甚至晶莹剔透，最重要的就是清炒之前的预处理。菜谱上写下来的是——

　　"将虾仁洗净，用洁布包起挤干水分，加精盐拌匀，用蛋清干淀粉浆起"。

　　这一步看得懂吗？好像不难做吧？笔者告诉你，很多人做不好这道菜，就是因为被菜谱"骗"了。这一段菜谱，是需要拆开来仔细研究的。

　　"将虾仁洗净"？用什么水来洗呢？怎样才算是"洗净"了呢？

　　人们往往会根据常识，打开水龙头放出清水来漂洗虾仁。但是，如果是夏天，水龙头里放出来的清水，实际上已经是 25 度以上的温水了，它已经不是你所认为的那个"凉水"了。虾仁如果下了这种"凉水"，还没等到你把它放入锅里去炒的时候，它就已经变成通体粉红色了。

虾仁须现剥

所以，如果你在餐馆里吃到这种粉红色的清炒虾仁，你一方面可以庆幸，这可能是现剥虾仁炒的，因为如果是预制好的袋装虾仁，那反而不会发红；而另一方面，你心里可以明白，厨师的临灶经验，还差了点火候。那么，接下来最好就别点那些技术水平要求比较高的菜式了。

漂洗虾仁

漂洗虾仁这一步，厨房里最保险的对策，是事先在洗虾仁的水里，投入几块冰块（过去没冰箱的时候，用刚打出来的井水），然后再下虾仁入水漂洗，后面的预处理，如需过水，也同样如此。

浆虾仁是关键

预处理时，要确保水温在 10 度以下，虾仁才不会发红（虾肉里的虾青素不游离不变性）。

虾仁漂洗如同鱼片漂洗一样（参见《清汤鱼圆》一文），漂洗到清水不再浑浊就可以了。接下来是用干毛巾吸去虾仁表面水分。

然后是虾仁上浆。

菜谱上写的步骤，当然一点都没错。**但是，你不知道的是，天下各类菜谱，它们的写作原则，往往都是"最保险"的，而不是"最优化"的。**

你照着菜谱去做，当然能确保不犯错误。但是你懂的——永不犯错的孩子，往往是相对平庸的孩子。

那么虾仁上浆最优化的操作步骤又是什么呢？

——在上浆之前，先对虾仁分三步"打磨抛光"。

第一步，干淀粉加盐，温柔搓擦虾仁后，用冰水冲净，再用干毛巾揩去水分；第二步、第三步，与第一步文字相同。但实际上三步的盐分含量稍有不同。

第一次盐要稍多一些，多到什么程度呢？用手搓擦时，有明显的颗粒感。这样，相当于用盐粒来"打磨"虾仁的表面，因为有细腻的淀粉起着保护作用，这样不至于把虾肉搓擦出划痕；而第二次呢，盐要少一些，用手搓擦时，稍微有一点颗粒感，这就相当于"精磨"了；第三遍其实是看情况决定是否需要做的，如果虾仁的表面已经很光滑细腻了，就不必做了，如果还有些疙疙瘩瘩的突起，那么用淀粉加一丁点儿盐再来"抛光"一次。

经过"打磨""精磨""抛光"三道预处理后，虾仁基本上粒粒晶莹明亮、温润如玉了。上浆前的这种预处理所要的效果，就是虾仁的"表面光洁度"，这么讲就懂了吧！

接下来，才是正式的上浆。注意，先下盐打匀，使虾仁"起胶"后，再下蛋清生粉。此时虾仁里的盐，不可放到足量了，因为刚才打磨抛光时，用过盐了，这时，手里要扣着点分量。

下一个细节是上浆时蛋清淀粉的用量，许多菜谱上是用具体的克重来标明的，其实，这是写给"厨房小白"看的，中式烹饪的标准，其实是"定性"而不是"定量"。这个"定性"的表述方式是——

淀粉最好不取用干淀粉，而是抓取淀粉缸里沉淀在下面的厚厚的淀粉糊，那是已经完全细腻均匀了的，干淀粉在蛋清里会拌不匀。而蛋清与粉芡的分量控制在调和均匀后，质地透明度像薄砂玻璃。蛋清略多于粉芡时，虾仁炒出来才会透亮，而粉芡比蛋清多，表面就容易成糊了。

这下你差不多能懂得什么叫作"处处匠心，了无匠气"了吧！对于清炒虾仁这样的细巧菜式来说，决定成败的，往往就是这样一些不起眼的细节。

同样是炒，但火候各有不同。"爆炒"是急火短炒，一锅成菜，而"清炒"则是先温油定型，再滑炒合味。也就是说，清炒往往是需要"以迂为直"的。

浆好的虾仁，在三成热的熟猪油中划油至变色，倒入漏勺沥油。原锅复上火，下熟猪油五钱，倒入虾仁，加绍酒、味精、鸡清汤少许，用湿淀粉芡薄芡，翻匀后淋熟猪油五钱，起锅装盘即成。

这一段菜谱写得也简单明白吧，但是最好把"熟猪油"三个字再仔细掂量一下。这里，虾仁划油时，用的是大量的普通熟猪油，这一步叫做"养油"，这一步油温不可太高，只要能把虾仁外面的浆衣层凝固起来就行了，虾仁至熟还得给后面留一口气，不然虾仁就不嫩滑了。下一步叫作"白炒"，而白炒时先后两次下入的熟猪油，最好事先用葱姜熬过。虾仁味薄，用葱姜油的效果远比普通猪油要好得多。

用猪油"养熟"虾仁

"养油"后方可"白炒"

好啦，清炒虾仁的制作重点，到这里差不多讲完了。而这道菜的味觉艺术境界，还差最后一个环节方可圆满，这一步就是吃。要是食客不会吃，那么厨师可就白忙活了。

品尝上佳的清炒虾仁，最好用调羹而不是用筷子。因为虾仁味薄，如果用筷子来吃，最多只能夹起一两粒虾仁，

滑炒要轻

这样无论是口感还是味感，都是不够到位的。用调羹舀起一勺来满勺入口，如此方能体验出清炒虾仁"细嫩弹滑"与"清香满口"的妙处。

最好在舀虾仁之前，在调羹的底部，点上几滴香醋，这叫"卧底醋"。不要小看这几滴香醋，有了它，清淡的虾仁才会平添一份别致的妖娆，这就像美女不光要长得漂亮，还得会撒娇卖哆才会分外可爱一样。

顺便多说一句，在淮扬菜中，往往越是看起来简单清爽的菜式，细节往往就越是讲究。酱菜、风鸡、烫干丝、阳春面、炝腰片、冬冬青、清汤鱼圆、清炒玉兰片，莫不如此——平淡而不平凡，简易而不简单。

清蒸鳜鱼

不是职业的厨师，往往不会推敲下列几个问题——

什么叫作"洗净"？

鱼身上为什么要打花刀？

花刀的刀距以及刀纹的深度是多少？

怎样"码味"才能使得鳜鱼"入味"？

怎样摆放才能使得这条鱼在蒸锅里均匀受热？

高温的蒸汽会不会使鳜鱼"破皮"？

蒸多长时间才算是蒸好了？

……

清蒸鳜鱼，同样是一道看起来非常"简单"的菜，好像每个下过厨的人都会做。但清蒸鳜鱼这道菜却被很多淮扬菜的菜谱列为必选的经典菜之一。

同样是清蒸一条鱼，淮扬菜的烹饪手法，难道咱们普通人学不会吗？

倒也并非如此，只不过淮扬菜里的清蒸鳜鱼，比起常见的家常菜做法，要凭空多出来一些烦琐的预处理步骤，而这些小步骤呢，"一般人我不告诉他"罢了。

清蒸鳜鱼的家常版做法，常常是这样的——

将鳜鱼宰杀洗净后，在鳜鱼身上两面打上直纹花刀，用细盐码个味，在鱼体表面和鱼腹内放葱丝姜片，然后将鱼放在鱼形盘子里面，上蒸锅蒸熟它。最后可能会淋上蒸鱼豉油，放上葱丝，再淋个响油。

上述这些步骤，当然不能说错到哪里去。但是，不是职业的厨师，往往不会推敲下列几个问题——

什么叫作"洗净"？

鱼身上为什么要打花刀？

花刀的刀距以及刀纹的深度是多少？

怎样"码味"才能使得鳜鱼"入味"？

怎样摆放才能使得这条鱼在蒸锅里均匀受热？

高温的蒸汽会不会使鳜鱼"破皮"？

蒸多长时间才算是蒸好了？

……

看看，问题是不是来了？做法如果不讲究的话，那家常版的清蒸鳜鱼当然"也能吃"，但是，这种菜式不可能成为淮扬经典菜。

带着上述问题，我们再来审视一下淮扬经典菜里的这道清蒸鳜鱼。

烹饪清蒸鳜鱼这道菜，首要的任务是，鳜鱼肉一定要在最短的时间内尽快地致熟，过火不仅会使肉质失去弹滑，同时鱼肉的鲜味也会

"地包天""腮下红"的鳜鱼

较为"呆板"。此外才是"了无腥气""入味充分""清爽美观"等。知所先后，则近道矣。

鳜鱼的体表是带有黏液的，如果不去除干净，会带有腥气。而如果用常温的凉水去洗，黏液是很难去除干净的。鳜鱼的体表黏液本质上也是一种蛋白质，遇热后，这些黏液会有效地凝聚起来。所以，"洗净"这一步要分为两步，先是去鳞去腮去内脏，初步打理洗净。然后拎着鱼尾巴，下开水荡几下，这样体表黏液就便于刮除干净了。

下一步是打上花刀，传统的刀工手法，是在鳜鱼体表打上"柳叶刀"。所谓"柳叶刀"，简单地说，就是切完后像柳树枝条。手法是先沿鱼体中间主骨那条线切开（注意两端留白），然后像树杈枝丫那样在两侧斜着切出分支纹路（分支不可触及中间那条深纹，那样蒸了以后炸开得厉害就不美观了）。

这是清蒸鳜鱼最为"主流"的刀工。但淮扬菜不同的分支门派还有一些不同的处理手法。

在鳜鱼的一侧打上"柳叶刀"，这是共同的，不同的是另一侧。一种做法是另一侧完全不打花刀，而另一种是间隔着打上"牡丹刀"，所谓"牡丹刀"，就是垂直于主骨、在鱼肉上切出直纹，这样鱼肉受热后会翻开像牡丹花的大花瓣。

"柳叶刀"也好，"牡丹刀"也罢。不同门派之间，清蒸鳜鱼的刀工预处理手法，并不存在"对错"的问题。最重要的应该是，我们为什么要打花刀，怎样打花刀，才更符合淮扬菜的审美理念。从这个角度出发，笔者认为，"师古"而不"泥古"，才更为贴切。

刀工的第一要义，应为成菜的质感而服务，然后才谈得到美观。这道菜为啥要设计为"清蒸"？就是因为一斤重左右的鳜鱼，用高温的蒸汽蒸到恰到好处时，其肉质会出现一种"蒜瓣状"的"片层滑动感"，业内将这种口感俗称为"飘"。那么刀工预处理的首要任务，应该是"怎样才能使鱼肉蒸出来后更容易达到这一境界"。

以"柳叶刀"来处理鳜鱼的上表面，无疑是有道理的，这样造型优雅，但传统技法没有明确刀距和深度。柳叶的"主干"，也就是沿鱼主骨深切的一刀，吃刀宜为肉厚的三分之二左右，吃刀浅了，不易熟，吃刀过深，易翻口。而鳜鱼的脊背处肉质较厚，此处的柳叶"分枝"刀距宜密，且吃刀也宜深至三分之二；但鱼腹处肉质较薄，此处的柳叶"分枝"，刀距宜疏，且吃刀不宜过深。

而鳜鱼靠近盘子的一侧（反面），如果完全不打花刀，那么势必要等到最厚的部位也蒸透了以后，这条鱼才算蒸好，但这样肉头较薄的部位，很可能会过火。所以，笔者倾向在鱼的反面打上"牡丹刀"。只不过"牡丹刀"的原意指鱼肉可翻卷起来，像牡丹花的大花瓣那样，这可能会误导厨师操作时，刀深及骨，但如果吃刀过深，鳜鱼的外形可能就不自然了，所以吃刀不宜过深。

下一步是码味，通常的做法是用精盐涂抹鱼身，这当然是对的，

柳叶刀花纹

鱼上要摆好"刀面"

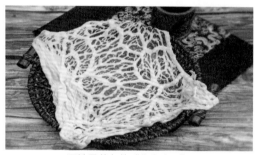
网油是蒸鱼的"秘密武器"

牡丹刀花纹

也有人认为现杀的活鱼可以不用上盐码味，这也说得通。不过笔者所见过的最好的做法，是将打好花刀的鱼，整体浸泡在加了盐和料酒的葱姜汁中腌渍（葱姜加料酒，用料理机打成糊糊状），这样葱姜汁渗透到鳜鱼体内，蒸出来鲜香味会更为雅致。

打花刀和码味这两步，都是可变通的，诸位千万不要以为有什么"唯一正宗"的手法。这些是根据厨师的临灶经验具体决定的。

在鳜鱼的上表面摆好火腿片、笋片的花式造型，这一步不重要。重要的是下一步，你是不是觉得这会儿可以上蒸锅了呢？

且慢，这条预处理好的鳜鱼你怎么摆在盘子里，才可以进入蒸锅呢？

很多人可能会觉得这个问题完全是多余的，用盘子盛着它呗！

问题不在装鱼的盘子，而是这条鱼如果直接放在盘子里，鳜鱼的底部接触到的是鱼盘子，而鱼盘子一般是冷的，这样，底部的鱼肉受热是隔着盘子来传热的，这样下面半边的鱼体，受热就会慢一拍。所以，最好把这条鱼架空了蒸。你可以用筷子把鱼架空，也可以把生姜切成枕木状，垫在鳜鱼的下面，这样蒸汽就会把鳜鱼整个包裹起来，受热才会更加均匀。这也是普通人想不到的一个细节。

再往下考虑，清蒸鳜鱼是"圆汽蒸"，也就是要用最大火力的蒸汽来尽快地使它蒸透。那么问题来了，这种"圆汽蒸"，锅盖边上往往是要加布封死的，也就是说锅里的蒸汽温度很可能超过 100 摄氏度。而鱼体朝上的部位受到的蒸汽较多，朝下的一半相对较少，这样朝上一面的刀口会裂开得较大，且一旦过火，鱼体的内部就会失去水分。

须知实际临灶时，谁也不是精确把控火候的神仙，所以必须给火候留个可控的"宽容度"。而淮扬菜厨房里，清蒸的鲜鱼，不管是鲃鱼还是鳜鱼，一般都会在鱼身上覆盖一层网油。有了这一层网油薄膜的保护，鱼体表面受热就多了一层保护，网油受热后逼出来的猪油，正好可以渗到鳜鱼体内。这样不仅可以给鳜鱼增香，而且可以使"柳叶刀"的纹理绽开得比较有节制。

接下来是蒸鱼的火候，这个根据经验吧，没法具体地写下来，需要把握的只有一个原则，那就是"使鱼肉均匀地刚好断生"。

最后出锅，捡去网油、葱姜等辅料，将蒸鱼的汁水滗出来，单独上火收紧并最终定味。

清蒸鳜鱼为什么可以成为一道淮扬经典菜，正是因为这道看似简单的菜式，蕴藏了许多鲜为人知的工艺细节，对于清蒸鳜鱼这样的极简菜式，细节往往决定了成败。上述的一切努力，其实都只是为了最后成菜的那种口感、味感与观感上的质朴与纯粹。

这就是淮扬菜的"处处匠心、了无匠气"。

扬州炒饭

米饭本为无味之物，与这道菜的任意一种辅料配角相比，
它都是一个"扶不起的阿斗"。
但扬州炒饭的立意恰恰就在于
——我们要把"米饭"这个"阿斗"扶成真真正正的"明君"。
要用海参的软糯、干贝的鲜醇、湖虾的细幼、冬笋的清新，
把一碗白饭衬托得如绰约美人，这就不单是一个形式的问题了。

扬州炒饭，可能是世界上最著名的一道中国菜，因为不仅中国人都知道它，而且这是西餐馆里唯一的，也是必备的一道中国风味。

但是正像"有一千个读者，就有一千个哈姆雷特"一样，有一千个厨师，可能就会有一千种扬州炒饭的做法。换句话说，你随时随地都能吃上的"扬州炒饭"，可能不得不打上个引号。

所谓"文人菜"，意指厨师须**以锅灶为纸、以铲勺为笔、以食料为墨、以调料为色、以盛器为装裱、以哲学为灵魂，用最平淡无奇的食材，像种花养鸟、写诗作画、把简单的水墨色分成五等那样，做出种种精致的天下绝品来。**

如果把"扬州炒饭"比喻为一篇锦绣文章的话，那么，这篇文章写得好不好，首要看点就在于，文章的"立意"能有多高。

在淮扬菜中，"扬州炒饭"既是一道可以"管饱"的主食，同时，它必须又是一道宜品的"菜"。而这道菜的主料，是再普通不过的米饭。

米饭本为无味之物，与这道菜的任意一种辅料配角相比，它都是一个"扶不起的阿斗"。但扬州炒饭的立意恰恰就在于——我们要把"米饭"这个"阿斗"扶成真真正正的"明君"。

"扬州炒饭"所有的工艺步骤，都是围绕着这个宗旨和目的服务的。

正宗的扬州炒饭，有"金裹银""月牙白"和"三香碎金"等几种相似的做法，而其中又以什锦炒饭也就是"三香碎金"最为具有代表性。

"三香碎金"炒饭的配料有干贝、乌参、湖虾仁、火腿、鸡腿、鲜笋、花菇、青豆等八种。配料先分别切成丁。其中湖虾仁单独炒过，其他几种配料入高汤置于文武火上入好味。然后再将打散的鸡蛋液入油锅翻炒，蛋液在油锅中成形后，加入米饭、盐和葱花，并于大火之中不断颠翻。其中分两次将已经入好味的配料连同炒好的虾仁倒进锅中。最后起锅前再撒把葱花。

有人会说："看上去这也没什么难的嘛，罢罢罢，按你说的，把

扬州炒饭主辅料

这许多劳什子都按图索骥买回来，再依葫芦画瓢做成它就是。"但世界上可能没有这么便宜的事，如果只是按方抓药这么简单，那它凭什么能够跻身于"中华名菜"的行列之中呢？

虾仁、鸡丁、肉丁、干贝、笋丁、火腿、海参、花菇、青豆，扬州炒饭这几样配料，任意一种都比米饭要名贵，但是扬州炒饭的学问就在这里，**要用海参的软糯、干贝的鲜醇、湖虾的细幼、冬笋的清新，把一碗白饭衬托得如绰约美人，这就不单是一个形式的问题了。烹饪之道在这里也像中医一样，有所谓的"君臣佐使"之讲究。**因为如果只是把干贝、虾仁之流做好吃了，那不算真本事，难就难在如何把简简单单的一碗米饭做绝了，这就是厨房里的智慧、鼎鼐中的哲学。

就拿这些配料来说吧，海参要取乌参而不取刺参，火腿要取南腿而不取北腿；虾仁要取湖虾而不取河虾，笋子要取冬笋而不取春笋。

炝锅很重要

蛋液一条线 下锅方断连

炒蛋时须碎而不老

"击其半渡"下米饭

就拿火腿这一项来说，清咸丰初年，就有浙江金华火腿、江苏如皋火腿、云南宣威火腿这三种齐名的火腿，烹饪界史称南腿、北腿和宣腿。扬州炒饭取的是南腿也就是金华火腿，而金华火腿中得取其东阳火腿，东阳火腿中又得取上蒋村的火腿上品"雪舫蒋腿"，也就是红似玫瑰、亮若水晶、香味清醇的那种极品金华火腿。而就算蒋腿中也得看取哪一块，扬州炒饭用的是蒋腿中的"上方"那一块。

清代美食家袁枚在他著名的《随园食单》中就有这么一句："大抵一席佳肴，司厨之功居其六，买办之功居其四。"其实也是，没有这些能臣的辅佐，光一盘蛋炒饭，那又能成多大的事儿呢？

除了虾仁须单独划油致熟待用以外，鸡丁、肉丁、干贝、笋丁、火腿、海参、花菇、青豆，这八样辅料须在鸡清汤里烩制好，成为复合味的半汤半料的"卤子"。最后炒制时用上的这些"卤子料"，才是扬州炒饭味道的灵魂。

配角的龙套戏差不多唱完了，下面该主角也就是米饭粉墨登场了。

饭当然是米做的，但"龙生九子各不同"，此米与彼米之间往往还有些许"精妙微纤"的区别。说白了，就是要把米的黏度和外形在下锅之前就预先考虑进去。

扬州炒饭所取的米，就是苏北当地晚秋时的"观音籼"。因为粳米外形圆润而口感粘糯，用于煮粥尚可，但用于炒饭却不易松散。而籼米的颀长和相对"独立"，对于炒饭来说则更为适合一些。

扬州炒饭第一个硬要求，就是"颗颗干爽"。说白了，就是任意两粒米，都不可以粘连在一起。

但米饭一般都是带有黏性的，怎样才能确保每一粒米炒出来后，都能独立分开呢？这可不能光靠最后炒饭时的勺工，最好在煮饭的时候，就使米粒与米粒之间，没有多少黏性。

将籼米在水中泡至"挺身"之后，沥去水分，扣入滚开的水锅中，开大火，待水锅重新沸腾时，迅速连米带水倒入漏勺沥去开水，这一步叫做"汆米"。然后将米置于凉水中，用双手抓起米粒搓擦，直至清水不再混浊，这一步叫做"洗米"。

要知道米粒最外面的一层，是淀粉含量最高的"谷糠层"，如果人为地扣入热水中，外层淀粉会迅速受热变性，这时的米粒当然是黏糊糊的。不等到米粒内部的胚芽层变性，就赶紧沥水捞出搓擦，这样谷糠层就被磨薄了，如果蒸的时候再加些清油，饭粒看它还怎么粘连得起来。

为保证饭粒形状的饱满，饭以蒸者为上，而煮则次之。米在放水之前，你还得用少许的盐和花生油将它拌匀了。你当然也可以把这道工序给省了，没事。只是一出锅你就会看出区别来，经过清油"美容"后的米粒，在蒸煮之后会发出一种少女般的油亮润泽，而省下这道功夫，饭粒这会儿多半成了"半老徐娘"了。

做炒饭的米饭不能一次放足了水，要蒸得稍稍硬一点，也就是米饭本身要有所谓的"身骨"。这样含水不足的饭直接盛来吃当然是太硬了些，但别忘了，炒饭最后是要炒的，而炒的时候会再补足水分。

扬州炒饭的最终目的，在于把米饭这个"无味的阿斗"扶成名正言顺的主角明君。

因为米饭本身不易入味，所以扬州炒饭须多次赋味才行，这就是"以迂为直，渐近自然"的道理。而实操中，如果以"汤"来蒸米饭（而不是通常的放"水"蒸饭），则"粒粒鲜香"的效果更佳。

放鸡汤来蒸饭，当然也可以，但相对于米饭这种近乎无味的食材来说，鸡汤的味性还是太"狠"太浓郁了，这样米饭就有点"不像"米饭了。所以，以放排骨汤为佳。用排骨汤蒸煮出来的米饭，如果直接盛来吃，你只会觉得这碗米饭特别好吃，但你一般不会吃出来这里面放了排骨汤。这就是调味学里的"君臣佐使"的运用——所有的辅料，都是来"帮忙"而不是来"篡位"的，这样讲就好懂了吧。

顺便说一句，曾有人有过这样的断言："炒饭须要隔夜饭。"其实这完全是没做过扬州炒饭的"外行话"。米饭要是冷透了就会板结，这叫"回生"，而"回生"了的饭粒会抱成团块，你怎么打也不可能完全打松，用冷饭甚至是隔夜冷饭其实恰恰是做炒饭的大忌。当然如果米饭太热了也会自然粘连起来，所以最好是将米饭凉到温热时再炒，这时的米饭可以轻松地松划打散。

最后当然是炒了，先下蛋液再下饭，这个"地球人都知道"。但鲜为人知的是，到底该在什么时候下入米饭。很多人是先把鸡蛋液完全炒熟了再下饭，那么你就慢慢地忙吧，要把炒好的鸡蛋划成"碎金"可够你费一大阵子事的。

其实所谓"碎金"的效果说白了很简单，那就是其大小须"形如木樨"。

"木樨"就是桂花的古称，也就是说，"碎金饭"的蛋花必须像

细碎的桂花瓣那样，才有资格称为"碎金"。

实际操作中，厨师是怎样做到蛋花"形如木樨"的呢？

那就是一定要在蛋液刚刚凝结起来，蛋块还不够牢固时，将米饭及时倒下去翻炒。在搅、砸、晃、翻的勺工动作下，饭粒会自动且均匀地将刚刚凝结起来的蛋块扯碎。这一步，误差只在三秒左右，早不得，晚不得。因为米饭下锅太早，凝结起来的蛋液就会裹在饭粒上，这样的米饭炒出来后，黄白间杂"不清爽"。而米饭下锅太晚，蛋液已然凝结板实，你怎么做都很难将它扯碎了。这一步，业内称为"击其半渡"。

米饭下了锅后，你就可以尽情发挥"花打四门"的翻勺水平了，火要大、锅要热、抖腕要有"寸劲"的功夫。

烩什锦料

扬州炒饭味道的灵魂

让金和银在锅里跳舞吧

让"金"和"银"在炒锅里跳舞吧，最好是热烈的迪斯科。千万别让米粒在滚烫的锅底子上苦熬着，等着铲勺来"救命"。要让饭粒像表演"过火海"的苗族人一般地"戏弄"滚热的锅底。不过别忘了那几样来之不易的配料。入好味的配料要和着高汤淋下，在滚热的炒锅中，高汤此时会尽为雾化而蒸发，就像电影中羽化而登仙的场景一样，而蒸熏之下的米饭，到此时才会在"美味桑拿浴"中补足水分。

这个过程，实际上分解成两三步逐步完成：淋一次汤料，颠翻均匀，改成小火焖它一焖，这是入味；再开大火淋一次汤料，颠翻均匀后，再焖它一焖，还是入味……在这样一张一弛的文武之道中，所有配料的鲜香才会和米饭浑然一体，简简单单的这一碗米饭也才会脱胎换骨地被最终熬炼成颗颗干爽、粒粒鲜香、松软合度、余味绵长的一道真正的美味。

顺便强调一下，葱花也得分为三次放入。鸡蛋炒好，下入米饭时，第一把葱花下去，这叫"闷头葱"；淋入汤料时，第二把葱花下去，这叫"助味葱"；而全都炒好了，临起锅前，第三把葱花下去，这叫"响葱"。须知虽然葱香只是碎金饭味道上的花边，但生葱、熟葱和生熟各半的葱，在味道上是完全不一样的。这里的"葱香"和大烧马鞍桥里的"蒜香"性质是一样的，那就是生熟有致时，才会产生香味上的多种层次。

扬州炒饭能有今天，要感谢两个人，其一是开挖了大运河的隋炀帝，其二是为隋炀帝陵碑题字的、清嘉庆年间的扬州知府伊秉绶。

扬州炒饭是运河文化的产物。公元604年，隋炀帝在洛阳登基，因留恋扬州（时称江都）美景，于是兴师动众开挖运河，一心要来扬州。

随着运河的开航，扬州的航运业逐步发展，随之产生了背纤拖船的船工船民，他们早出晚归非常辛苦，于是扬州船民们就创制了方便、价廉、耐饥的蛋炒饭。当时的越国公杨素在前人的基础上创制了"越国公碎金饭"。这道"碎金饭"被隋炀帝的御用厨师长(时称"尚食直长")谢枫写进了他的著作《淮南王食经》中。《淮南王食经》这本书一共有53道菜肴，这本《淮南王食经》在被发现时，就只剩下了目录，全文已经不存，所以"碎金饭"到底是怎么做出来的，只能凭借这个菜名而"遥想当初"了。

明代，扬州民间厨师在炒饭中增加配料，形成了今天"扬州什锦炒饭"的雏形。

　　清嘉庆九年（1804 年），苏北里下一带连年水灾，福建汀州人（即是今天的福建长汀）伊秉绶受命赴扬州赈灾。而赈济水灾的第一要务，就是让躲在屋顶、树梢等高地的灾民们免于饿死，伊秉绶随船准备了大量蛋炒饭，一碗这样的饭菜合一且顶饥扛饿的蛋炒饭就能让灾民们顶一天，这样伊秉绶救下了不少灾民。不久，伊秉绶奉命出任扬州知府。在扬州知府任上，他不仅勤政爱民，政声极好，而且热衷于推进各项文化事业，尤其是当时发现了隋炀帝墓（现在的考古发掘有了新成果，当时的隋炀帝墓是个伪墓），如何为隋炀帝盖棺定论，成了当时扬州的文坛盛事，因慕伊秉绶赈灾之名，文人们纷纷聚集于伊府，且偏好让伊秉绶声名大振的炒饭。这是炒饭技艺的一次集中研发（准确地说，应该是家厨们托伊秉绶之名的研发）。时有"月牙白""金镶玉""三香碎金"等炒饭品种传世。

伊秉绶丁忧返回原籍后，也将此炒饭带回老家福建长汀。父老乡亲争相询问这饭叫什么名字，伊府家人只知从扬州传来，因称之日："扬州炒饭"。于是"扬州炒饭"这种叫法从此传至闽粤等地。鸦片战争以后，不少华人被"卖猪仔"远赴海外，从事挖金矿、修铁路这样的重体力活，这种饭菜合一且顶饥扛饿的"扬州炒饭"于是传到了西方，并被西餐列为唯一的一道中国风味。可以说，正是伊秉绶的推广与传播，才有了今天"扬州炒饭"的国际知名度。

顺便说一句，伊秉绶不仅精通诗词书法，还是个美食家。如今流传于粤港一带的"伊府面"，就是由他发明的；更值得一提的是：如今我们吃的方便面，便是在"伊府面"的基础上发展起来的。伊秉绶亦被人称为方便食品的开创者之一。

淮扬菜的那种"文人菜"风格，不是一下子从天上掉下来的，每一道淮扬经典菜的背后，无不凝聚了一代又一代淮扬菜前辈们的经验、智慧和汗水。而影响这些淮扬菜厨师前辈们的无形的思维方式，就源自扬州这座古城独特的地域文化。

摄影 周泽华

第六章

虽由人作 宛自天开

简单地说，就是怎样才能使"人为"的因素
变得"好像"是"天生就该如此"。

淮扬菜的取料往往就是生活中常见的鸡鸭鱼肉、青菜豆腐。这倒不是说淮扬菜不用燕鲍参翅这样的高档原料，而是在审美情趣上，它更偏重于将日常生活中的寻常食材，做出与众不同的境界来。这就是所谓的"平中出奇"。

而淮扬菜不管菜式如何变化，它往往都能被中国人轻而易举地一眼辨识出来。这是因为淮扬菜在设计之初，就秉承了一以贯之的思维方式，而这种思维方式的背后，实际上是一整套中国知识分子的价值取向。

这种形而上的审美价值是这样对应到具体的厨艺指导原则上的：

"以何为美"？——对应着"平中出奇"。

"如何才美"？——对应着"淡中显味"。

"怎样更美"？——对应着"怪中见雅"。

而上述三个原则，都可以简单地归结为一句总纲领，那就是——"虽由人作，宛自天开"。

"虽由人作，宛自天开"这句话，出自明末园艺大家计成的《园冶》。这句话原本是中式园林设计的指导原则。中式园林中的叠山理水、亭台楼榭、花木盆景，无一例外都是人造的，但这些人造的景观，都要总体上符合"虽由人作，宛自天开"的原则。

这句话的重点在于"宛自天开"。简单地说，就是怎样才能使"人为"的因素，变得"好像"是"天生就该如此"。那么"人作"也就有了明确的主攻方向。

纵观淮扬经典菜，"冬冬青""三套鸭""浇切虾""红酥鸡""扬州炒饭""芙蓉鱼片""桃仁鸭方""野鸭菜饭"等经典菜式，莫不如此。

不过这样说来，可能仍有"说教"之嫌。我们结合具体的实例来具体讲解。

清炖狮子头

"狮子头"与"肉丸子"虽然都是猪肉做的，但两者的根本区别在于，

"狮子头"有两个硬指标，即"形如狮子头"和"神如狮子头"。

肉质偏老的，刀距就该细一点；肉质偏嫩的，刀距就该粗一点。

做厨师的应该在切肉之前，就有这样的全局观，

只有"成竹在胸"才能"下刀如神"，而"因材施技"，就是厨房里的"实事求是"。

做厨师最简单的第一步往往就是"放盐"，

而做到最后，最难做的那一步往往还是"放盐"。

在淮扬菜诸多传统经典菜式中，知名度最高的是"扬州炒饭"（它具有全球知名度），而美誉度最高的就是"狮子头"。

在淮扬菜里，所谓的"狮子头"不是像"北京烤鸭"那样的一道固定的美食，一年四季中，"狮子头"的形象是各不相同的——春用河蚌红烧、夏用荷叶清蒸、秋用蟹粉清炖、冬用风鸡原焖。它们都叫作"狮子头"，只不过大家通常所说的那个淮扬经典名菜"狮子头"，往往指的是其中最有原创代表性的一款——"清炖狮子头"。其他的各种"狮子头"，都是由它派生而来的。

可能是因为"狮子头"这个名气太大了吧，大家往往习惯性地把所有猪肉做的"肉丸子"统统都叫作"狮子头"，而真正的淮扬"狮子头"，大家反而不知道是怎么回事了。

这就像"不是所有的女人都可以称为美女"一样。我们在讲到真正的淮扬经典名菜"狮子头"时，各位切不可以把它与你通常叫惯了的那种肉丸子等同起来。

"狮子头"与"肉丸子"虽然都是猪肉做的，但两者的根本区别在于，"狮子头"有两个硬指标，即"形如狮子头"和"神如狮子头"。

何谓"形如狮子头"？

古人心目中的所谓"狮子"，往往指的是庙门口蹲着的那种石头狮子，而这种源自佛教造像的"狮子头"，是一疙瘩一疙瘩凹凸有致的。所以，淮扬菜中的"狮子头"，其外形必须与之相似，这是一道"象形菜"。

何谓"神如狮子头"？

"狮子头"的神韵，取决于它是否足够嫩。上佳的"狮子头"，如果你用大号的汤勺盛起它抖动时，它应该能够产生一种类似于蒙古舞的"碎肩"动作那般的颤动。这种神韵，叫作"狮头甩水"。

只有"形神俱备"，才有资格叫作"狮子头"。这道菜就是"虽由人作，宛自天开"的一个具体例证。

狮子头这道菜不管怎么变化，一般都是餐桌上的"大菜"，它一般是"整供"（连锅一起）上桌的。所谓"大菜"者，造型须先声夺人，厨艺须细腻精湛，吃口须艳压群芳。而"清炖狮子头"（我们只讲最有原创性的这一款）完全符合这三条标准。

品尝这道清炖狮子头，应该使勺而不用筷，因为那宝贝极嫩，根本就夹不起来。如果能用筷子把它整个地夹起来，那厨师的水平可就差太远了。上佳的狮子头，其质地应该刚好处于"既外型圆整，又不散不碎"的那个临界点。

因为美食的体验感是无法共享传播的，所以接下来关于口感、味感的描述，我们将不得不动用"形容词"了，尽管这种描述带有不可避免的主观性，但那至少能让人更好理解一些——

上佳的"狮子头"，品尝时完全不需用牙去咬，而是用调羹剜下一块来，放在舌面上，然后将舌头向上腭顶去，它就会像一团云雾一般，在嘴里温柔地"晕染"开来，而唇舌间绝无半分干、柴、绵、渣的异样感觉。

至于它的味感，应该是肉香醇厚与清鲜怡人这两者同时兼备，嗅之如兰花之馨、品之似麝香之浓。而咽下去之后，你会从舌根那儿乃至于从喉咙深处，返回出一股绵长的回味来。这叫"挂口回甘"。

当然，美食不是用"形容词"堆砌出来的，这种美妙的味觉体验是真实存在的。**只不过，要想把一道"清炖狮子头"做到这样的味觉艺术境界，仅仅靠菜谱来记录，那是完全不够的。我们必须深入每一步烹饪工艺的背后，像修行一样，去反复体悟淮扬菜的"处处匠心，了无匠气"。**

这道菜的主料，是猪的五花肉。关于猪本身的"选材辨材"，虽然那是直接关联到最后的口感味感的，但这道菜如果从食材的"天地造化"那里讲起，文章就实在是太长了，这里暂且略过。我们直接从五花肉那里讲起。

这里的"五花肉"须取肋排之上的"硬五花"，而且五花肉的肥瘦层应在五层以上，五层以下的就不能叫"五花"了，层数太少，那肉香肯定不足。猪的肋骨一般有十四对，从前往后数第四根到第八根上面的五花肉是好的，这是"硬五花"，也就是说，五花肉中的肥肉层是硬实的。而第九根以后的，排骨就短了，没有骨头支撑的肚腩那里，肥肉层往往有一部分软趴趴的。这种"软五花"，刀工是难以处理的。

"狮子头"的第一大难关，是刀工处理。知道怎样去做的人不多，而知道为什么这样去做的人就更少了。

这道菜最佳的刀工手法是——横刀"劈"进去，将五花肉大致按层次肥瘦分开，这样就分别得到了一堆肥肉片和一堆瘦肉片。然后，再分别将这些肉片切成丝、再切成丁。

为什么要将肥瘦肉分开来切呢？用两把刀来排剁不行吗？或者干脆上绞肉机，那不是更方便吗？

这道菜的第一个要求，就是"形如狮子头"。将五花肉肥瘦分开，才可以确保将它们切得不一样大——肥肉丁一般切成黄豆粒大小，而瘦肉丁一般切成绿豆粒大小。这样，长时间文火炖制后，肥肉粒才会在"狮子头"的外表面形成疙瘩状的突起，这一步刀工，是"形如狮子头"最有力的保障。

万不可图省事用绞肉机绞肉，那是用物理挤压的方式硬把瘦肉纤维给拉扯断的，而拉扯断的肌肉纤维必然会扯出许多完全紊乱的"毛头"，这些肉末外面的"毛头"会互相纠缠起来，最终你做出来的，必然是硬邦邦的一个大肉疙瘩，这种硬邦邦的肉丸子要是能成为中华名菜，那才怪呢。

而菜谱上通常会写的"细切粗斩"呢？这句话其实是有潜台词的。因为"狮子头"往往是大批量制作的，如果一刀不剁，全部靠切，不光刀工太费事，而且后期的处理难度也更高。剁它几下，给瘦肉粒人为地造出点"毛头"来，这样肉粒与肉粒之间，会更容易"团结"，抱成团以后也更不容易散开。"细切粗斩"这样做虽然没有错，但从味觉艺术效果上来说，却并非最佳。

所以，上佳的清炖狮子头，须肥瘦分开，一刀不剁，全部靠切，业内称之为"千刀肉"。

你可能会认为，这种刀工虽然有些麻烦，但也还不算太难嘛，照着去做不就可以了？

非也非也！

须知，猪肉的生长期不同，老猪和小猪的瘦肉纤维质感也是不同的，刚才上面所说的黄豆粒和绿豆粒大小，也只是一个大致通行的量级。但具体要把猪肉切成多大的粒，要看猪肉本身的质地。而这些，就不仅仅是技术了，它更多的是属于艺术层面的"体悟"。

有经验的老师傅，会在处理一大块五花肉前，先在边角处连肥带瘦地切下薄薄的一片来，然后再横着进刀，分开肥瘦地去批片、切丝和切丁。

你可不要以为拉下这一片肥瘦相间的薄片来，是为了厨师餐加个菜，那是为了"试刀"！

因为连肥带瘦这样竖直着切下去时，刀上的阻力感，会告诉你这块五花肉的质感，也就是老嫩程度。然后，厨师才会以这种手感为依据，决定最后切下来的肉粒到底多大多小。

这下你就明白菜谱上为什么没办法把它写下来了吧。**肉质偏老的，刀距就该细一点；肉质偏嫩的，刀距就该粗一点。做厨师的应该在切肉之前，就有这样的全局观，只有"成竹在胸"才能"下刀如神"，而"因材施技"，就是厨房里的"实事求是"。**

看到这里，你可能会觉得，狮子头的刀工处理终于讲完了吧。

还有最后一个重点，那就是肥瘦肉的比例。

要想把狮子头最终做到"无筋无渣，入口即化"的地步，肥瘦比才是最关键的。传统的狮子头，应该是肥多瘦少，其大致比例应在"肥六瘦四"左右。为什么说大致比例呢？因为那还是要看猪肉的质地，如果猪肉的质地偏老，那么肥肉的比例还得再高一点。所以，在做"狮

平批五花 分开肥瘦

肥瘦分开方可形如狮子头

肥肉丁略大于瘦肉丁

肥六瘦四，摔打至肉末上劲

子头"这道菜前，厨师往往会在买肉的时候，顺便多带一块硬肥膘，而这块硬肥膘，就是最后调节肥瘦比的"松紧带"。这也是菜谱很难写下来的一个细节。

你可能会说，放这么多的大肥肉，那还不腻死人了？

且慢，你吃过上好的东坡肉或者是一品肘子吗？这类文火菜的一大特点，便是肥肉比瘦肉好吃。其道理在于：在长时间的文火作用下，肥肉里的脂肪早就降解了，而留下的是软融至极的口感，这就是所谓的"肥而不腻"。

盆里放入切好的肉丁，下适量的葱末、姜末、绍酒、虾籽，盐、清水搅匀，再加入蛋清生粉，搅匀上劲后，用双手摔打成团，做成狮子头生坯。

菜谱看起来是教人做菜的，但你最好不要把菜谱奉为圭臬。要知道写菜谱的人，最纠结的往往是怎样写下来才"最保险"。而那些依照

狮子头生坯

经验可以变通的步骤，一般是不会写进去的，因为这些"变通"之处，各人有各人的绝招，你不管怎样写，都会挂一漏万，写下来反而会招人诟病。这就是"道可道，非常道，名可名，非常名"的难处。

所以，师徒之间的心手相传，反而比刻板的教材更为生动、简捷。但这种"心手相传"却往往是"妙处难与君说"的。

我们以"加入蛋清生粉，搅匀上劲"这句话为例，来看看菜谱写作的难处。

这句话里的"上劲"是个难以表述的细节。"上劲"指的是这堆肉粒产生了一种胶质状的黏稠质感。而达到这种质感，可以通过好多种手法来实现它。"加入蛋清生粉"只是诸多手法中最简单、最保险、最不容易犯错的一种，但它并不是最佳的手法。

比加入蛋清生粉更好的"上劲"手法，是在肉粒中加入盐后（其他调味品不提），将这堆肉粒捧起来再摔打下去，行话叫做"搋"。

打着打着，你会发现，这堆肉粒之间，会慢慢地摩擦出一种胶质，这是盐和脂肪蛋白质结合起来的一种表现，但这种胶质感生成得比较慢。于是你有两种办法对付它，一种是"加入蛋清生粉"，这样很快这堆肉粒就快速地"团结"起来了；而另一种办法是继续摔打这堆肉粒，一直摔打到它们的胶质感越来越强，直到最后不需要加入蛋清生粉，它们也能够抱成一团而不散开。

不加蛋清生粉完全靠摔打自然"起胶"的那种手法，称为"不施粉黛"。相较于"加入蛋清生粉"来说，"不施粉黛"的效果吃起来当然更好。因为如果加了蛋清生粉，这种附着在肉粒外面的蛋白质和淀粉质遇热后会迅速变性，这当然会使狮子头生坯不容易散开。但你千万不要以为这是吃不出来的，如果把它和"不施粉黛"的那种全靠摔打出来的"狮子头"放在一起比较，你会直观地感受到后者的那种自然而然的柔美有多么"熨帖"，而加了蛋清生粉的那种，唇舌间总会多多少少地有一种"不够清爽"的感觉。

至于到底采用哪种手法，没有标准答案。因为味觉艺术追求，不属于写得下来的技术范畴的"厨艺"，它属于"厨德"。

做厨师最简单的第一步往往就是"放盐"，而做到最后，最难做的那一步往往还是"放盐"。

在"清炖狮子头"这道菜里，提鲜的看起来好像是放在肉末里的虾籽和"狮子头"外面的鸡清汤，但这道菜的咸鲜味，真正的灵魂，是猪肉的鲜香是否足够纯正、雅致，这才是骨子里头的味道。而猪肉的香味，不仅取决于猪本身香不香（看品种），更重要的是盐放得准不准。而只有当盐放得恰到好处时，它才会最大程度地激发出猪肉本身的鲜香味道，这种放盐的精准度，才是"清"的最高境界。

你可能会有疑问，难道这世上，真的会有人把清炖狮子头研究到"放盐"这样的精细程度？不会是吹牛吧。

这种人虽然不多，但也是真实存在的，他叫陈苏华。不久前刚刚过世的陈苏华教授，是淮扬菜里精于学术教学的"扫地僧"，在做过无数定量化的试验后，他为后世总结出一个宝贵经验，那就是"清炖狮子头"里的最佳放盐比例，是总肉末量的 1.08%。

将排骨（一般五花肉买回来是连皮带骨的）铺在砂锅底部，再垫上切成大块的白菜帮。再放上肉皮，锅中注入清水，盖上锅盖烧沸，加盐定好汤味，下入狮子头生坯，每只狮子头上面盖上烫软的白菜叶，用微火炖至软烂后，揭去菜叶即可。

如果把"清炖狮子头"的制作比喻为一篇文章，那前面所有的预处理，都是为最后"炖"这一步做铺垫和准备的，火候是这道菜最后的"豹尾"。这个"豹尾"一定要收得干净利落，才能使这道菜的味觉艺术魅力最终淋漓尽致地展现出来。

"狮子头"的生坯，其实最好不要这样直接下锅，因为"狮子头"

清水养至定形

套鸡汤后盖上菜叶

千烧不如一焖

生坯毕竟是一堆生肉粒，它受热以后，会有血沫出来的，这样汤色就不够清了，靠事后打去浮沫，显然是下策。

所以最好把"狮子头"生坯，在开水锅中焐到表层定型，这就相当于给这些生坯焯了个水，血沫就留在这个水锅中了，然后再将定型好的半熟肉团，捞到炖制的砂锅中去。

清炖狮子头

其次，砂锅中最好放清鸡汤而不是清水，因为狮子头最主要的味道，是醇厚的猪肉香味，它有点相当于乐队中饱满明亮的铜管乐中音，但这种味道它最好得有个陪衬，而鸡汤的味道相对于猪肉味来说，就是弦乐的高音和声了。有了鸡汤做对比，"狮子头"的猪肉咸鲜，会多出一个美妙的伴随层次。

最后也是最重要的一点是，"炖"可不光是使用文火这么简单。它最重要的一点，就是均匀且文弱，因为猪肉在清炖时的过程，实际上是蛋白质分解为各种氨基酸的过程，这个过程最需要的，就是"缓慢且持续"，这种温柔的坚定越是缓慢，蛋白质分解出来的氨基酸种类就越多，这就是"醇厚"与"夹生"的区别。所以灶具得使用厚实的砂锅，而火头不是蜡烛头那样的中心加热，而应是一圈均匀的小火苗。

最容易被忽视的一点，就是"千万不要中途揭开锅盖"，因为你一旦揭开了锅盖，锅中的温度和压力都同时改变了，这个有序的分解过程也就被生生地打断了。这就是"千烧不如一焖"的道理。

"清炖狮子头"最早的原型,是隋朝的"葵花献肉"(同碎金饭一样,只存菜名)。直到清乾隆年间,《调鼎集》中记录的这道菜还只是名为"大攒肉圆",而"狮子头"这个名号,最早出现在民国初年出版的《清稗类钞》中。这说明这道菜是在清中叶以后,也就是在淮扬菜的理论走向成熟之后,才最终定型的。而纵观同期的其他淮扬经典菜的演化史,比如三套鸭、扒烧整猪头、拆烩鲢鱼头等,也都是如此在《调鼎集》之后,才最终定型的。

但问题是,这些淮扬经典菜的味觉艺术风格,为什么如此高度统一呢?

很简单,淮扬菜的背后,一定有一个指导性纲领,只不过,美食史上从来没有人用明确的文字,把这种指导思想总结出来而已。而笔者认为,这种指导思想的总纲领,就是"虽由人作,宛自天开"。

醋熘鳜鱼

"醋熘鳜鱼"制作的工艺难度比"松鼠鳜鱼"还要高，

极少有餐馆将它推出，所以如今已是鲜为人知了。

热鱼撞上了热卤，恰似天雷勾动了地火，

鳜鱼的表面像浇上了喷发出来的岩浆一般，

滚烫的泡沫像着了魔的精灵一般地四处蹿动，

糖醋香味中间杂着韭黄迷人而勾魂的幽香，瞬间四散弥漫开来。

松鼠鳜鱼是苏州老字号松鹤楼的招牌菜，多年的经验积累，已经使这道菜的烹饪工艺被苏州人推敲得近乎完美了。但这道菜其实源自扬州，早在乾隆年间的扬州，"松鼠鱼"就已经被记载到《调鼎集》里了。我们这里不谈什么苏帮菜、淮扬菜这些无聊的地域之争，我们只谈美食本身。

一般来说，高档宴席桌上，如果没有一道造型优雅的焦熘菜式，往往是不太容易压得住场子的。这就是"松鼠鳜鱼""金毛狮子鱼""糖醋黄河鲤鱼"这些菜式能够成为各地美食"形象代言人"的原因之一。

而淮扬经典菜中镇得住场子的焦熘菜，除了"松鼠鱼"以外，还有一道更为绝妙的"醋熘鳜鱼"。而这道绝品菜式，因为制作的工艺难度比"松鼠鳜鱼"还要高，极少有餐馆将它推出，所以如今已是鲜为人知了。

"醋熘鳜鱼"由笔者的师祖丁万谷先生首创，而早在它问世两百多年前的乾隆年间，"松鼠鱼"就已经出现了。问题是，淮扬菜有必要推出两道同是取用鳜鱼为主料，且手法同为"焦熘"的菜式吗？

"醋熘鳜鱼"，看起来好像和"松鼠鳜鱼"是"姊妹篇"。松鼠鳜鱼是"拍粉炸"，炸完了熘个番茄酱熬制的酸甜口的"茄汁"；而醋熘鳜鱼是"挂糊炸"，

丁万谷

炸完了熘个糖醋熬成的酸甜汁。这么看好像没太大的差别。再往细节里推敲一下——

松鼠鳜鱼这道菜是"成也造型，败也造型"。

松鼠鳜鱼这道菜有一个硬指标，就是菜肴的观感必须像松鼠尾巴那样毛茸茸地炸开来。在这道菜问世之初的乾隆年间，这种刀工和造

型上的创意，无疑是具有划时代意义的——它为象形类菜式开创了一条全新的路子。

为了追求这种"松鼠尾巴"的造型效果，刀工预处理时，必须将去骨后的鳜鱼翻转过来，在鳜鱼的鱼肉这一面上，打上花刀将鱼肉切成"穗子"状。要想使得这种"茸毛感"更为逼真象形，"穗子"状的鱼肉最好是细而长的，不可以过粗，否则炸了以后，它蓬松不起来，那就不像个松鼠尾巴了。那么接下来，它也只能拍粉，因为如果挂上厚糊，炸完定形后，"穗子"的边缘就钝化了，这也会影响"状若松鼠尾巴"的观感。

而焦熘菜式，都是要讲究"外脆里嫩"的。要想造型生动，鱼肉"穗子"就必然不能切得太粗，而这些鱼肉细条虽然外层裹上了干粉，但毕竟还是比较细的，你把它外层炸脆了，里面也差不多快干了。如果切粗一点呢？外脆里嫩可以做到，但是那样总体观感又不太像"松鼠"了。

如果"造型"优先，那么"口感"就得稍稍让个步；而如果"口感"优先，那么"造型"必然呆板。这就是松鼠鳜鱼这道菜在设计和操作上的两难之处。

再次强调一下，对于一个优秀的厨师来说，发现问题远比解决问题重要一百倍。

那么，我们有必要反复纠结于"松鼠鳜鱼"造型与口感的两难之中吗？有没有可能，完全抛开"松鼠鳜鱼"当初的那个象形的设计创意，另起炉灶地重新设计一道观感稍逊，但口感、味感上佳的焦熘菜式呢？

这很可能就是"醋熘鳜鱼"这道菜最初的设计动因。

醋熘鳜鱼的设计初心，就是菜肴造型只注重使整条鱼体形成"鱼跃龙门"状，完全抛开"形似松鼠尾巴"的那层细节束缚。这样就没有了"投鼠忌器"的工艺忌惮，可以相对纯粹地使"焦熘"这种工艺要求的效果达到最大化。

"焦熘"也称"炸熘"或"脆熘"，从烹饪工艺上来说，它的目的是先将主料初步炸至定形，这样上桌后的观感就有了保障，然后再将其复炸至"外酥里嫩"，产生口感上的强烈对比。与此同时，将滚热的"熘汁"趁热浇到炸脆的主料上去，这样"熘汁"浓郁的复合味就会被激发出来。这在餐桌上，往往是极具"仪式感"的一道"大菜"。

"戏法人人都会，各有巧妙不同。"接下来，我们来看"醋熘鳜鱼"是如何把上述"焦熘"的这种设计初衷具体落到实处去的——

将洗净后的大鳜鱼两面打上牡丹花刀，吃刀须深及主骨，再沿主骨稍向内推一下，这样这一大片鱼肉受热后，就会向外翻卷起来，像牡丹花的花瓣了。因为在设计上，鱼肉就是大块的，所以"外脆里嫩"这个"焦熘"技法最大的长处，才能得到充分发挥。

剞牡丹刀

接下来，用刀面在鱼头和鱼身上拍几下，再用细麻线将鱼嘴扎紧。

为什么要做这么个"奇怪"的动作呢？因为焦熘是要油炸的，鳜鱼在剧热的油锅里，很可能因为剧烈失水而变形，而且不容易炸透。在鱼头上拍那几下要有"寸劲"，目的是使鱼头骨裂开；而鱼身上拍那几下要温柔一点，只是把鱼肉拍松一点。其目的是一样的，为了营造一种"打断骨头连着筋"的效果，这样下了油锅后，失水变形的程度就可控得多。而扎起鱼嘴来也是一个道理，如果不扎鱼嘴，一下油锅，鱼嘴就会张到最大。嗯……这样的造型，不雅观吧。

码味

挂糊

接下来是在鱼身上挂个厚糊。挂糊也称"穿衣"。

几乎所有的菜谱上，写到"挂糊穿衣"这一步时，都只是写着"将主料挂上厚淀粉糊"这类的话。但问题是，"焦熘"这一技法，几乎有一半的名堂讲究，就在这个含糊不清的"淀粉糊"里。这一点相信鲁菜师傅极有同感，因为鲁菜里有太多需要"挂糊穿衣"的菜式了。

我们且仔细推敲一下"淀粉糊"——纯粹的淀粉，不含有任何蛋白质，它就是淀粉，也就是人们常见的"生粉"，这种淀粉当然是可以用的，而且也没有啥大错。只不过，淀粉糊炸出来后，外壳是很容易"软"的，不够"美"吧。而面粉是含有面筋蛋白质的，俗称为"有筋力"，如果挂上纯面粉和成的糊，那炸出来以后，外壳就太硬了，一冷下来甚至会"拗"。所以，一般情况下师傅在打糊时，都会在淀粉里掺入一定比例的面粉。

为啥不能把这条写进菜谱呢？很简单，一旦把它写实了，就容易出错。因为不同面粉的含筋量是不一样的，加什么粉，比例是多少，淀粉糊的稠度是多少，这些都很难量化。

此外，如果希望这层糊糊炸出来以后"酥"一点，可以在"淀粉糊"里面加入少许小苏打；如果希望这层糊糊让炸出来菜肴的造型"挺括"一点，那么可以在"淀粉糊里"加适量蛋液……那是不是就更复杂了？

总而言之，"挂糊"是一门"内家功夫"，其境界就看厨师最终追求的是一种什么样的效果。笔者在这里也没办法给出具体的配方意见来，因为果真那样做，就是"已所欲，施于人"了。

接下来是油炸，"焦熘"这种烹饪工艺，一般是两次油炸，初炸定型，复炸致脆。但醋熘鳜鱼这道菜，需要三次油炸，且一次比一次油温更高：第一次，是"和风细雨"的"定型炸"，油温一般为七成偏下；第二次是"坚定有力"的"熟炸"，油温一般在七八成之间；最后一次是"烈火烹油"的"脆炸"，油温在八九成左右。

上面只是个大致的概述，但这三步油炸，须放慢镜头来细讲。

炸鱼

同步熬糖醋滋汁

司厨 李力 周佳佳，醋熘鳜鱼需两人同步操作

滋汁跑起来方为"窜滋"

　　第一次"定形炸"，其目的在于"定形"。为啥这一步是"温柔"的呢？因为此时无论是外层的糊糊，还是鳜鱼的内部鱼肉，含水量都是很高的，所以油温不可过高，油温高了，必然油花四溅，易伤人也不利于定形。此时两手要分别抓着鳜鱼的头尾，弯着鱼身下锅炸，炸到鱼身定好形状了，再松开手，炸至整条鱼完全定好了形。此时鳜鱼初步断生，但内部还没有完全致熟。

　　捞出后，鱼差不多不再会变形了，此时要把鱼嘴上的扎紧的麻线拆去，不然再炸就焦了。稍微晾一下，用竹签或筷子尖在鱼肉厚处扎上几个眼，这是防止鱼肉过厚炸不透。等晾到鱼肉的温度差不多可以直接摸上去了，才可以再下锅复炸。

　　这一步"顿挫"，是刚学焦熘菜的人往往容易犯急冒进的地方。因为第二步熟炸的目的，在于使鱼体全部熟透。如果鱼还没冷下来就下油锅，那这个油锅的油温可是不会低于七成的，这样很可能使外面炸过头焦煳掉了。你得给这条鱼让出个升温的空间来。这一步最好要把鱼骨都炸酥，而同时又要确保整条鱼不能炸焦炸煳。现在你就懂得为啥刚才要晾它一下了吧。这一步，鱼是需要在油锅里翻身的。

第二次油炸是"坚定"的，油温要控制在七八成左右，不要动它，这样鱼体才会均匀有序地致熟，才能把鱼浸炸至熟透。如果油温不断上下窜动，那就不是"致熟"了。

第三次油炸是"果断"的，此时鱼体已经完全熟透，我们只剩下最后一个目的，就是让板结起来的这层外壳足够酥脆，简单地说，这是"炸皮而不炸肉"，所以要用最高的油温（厨房里油温一般不用九成以上，仅鲁菜里有极少数名为"火燎"的菜式用到九成以上油温的火候）。

重点来了，上面所讲的一切，都还没有提到焦熘菜味道的灵魂，就是那个"熘汁"。而醋熘鳜鱼的"熘汁"必须在第三次油炸好时，同步出锅。也就是说，醋熘鳜鱼这道菜，最好是由两位厨师操作。一位厨师主要负责炸鱼，而另一位同时负责熬制"熘汁"，两人须配合默契，确保能在第三次油炸出锅的同时，将熘汁及时浇上去。

那么我们来看看这两位厨师的珠联璧合——

差不多当第一位厨师进入到"熟炸"这一步的时候，第二位厨师"上岗"了。炒锅上火，下底油一两，下入葱花、姜米、蒜泥煸香，加入酱油、绍酒、糖和清水，大火烧沸，用湿淀粉勾个薄芡，再次烧沸。然后就等旁边那位兄弟脆炸出锅了。

炸鱼的这一位用漏勺捞出鳜鱼，将鱼放在鱼盘中，迅速用干毛巾摁在鱼体上，趁鱼体还在酥脆状时，将鱼肉揿松至完全离开主骨。

旁边这位熬熘汁的最好守着两口锅，一口忙着熬着熘汁，同时边上烧红另一口空铁锅。等炸鱼的那位厨师把鱼炸好并揿松了，熬汁的这一位用右手在炸鱼的师傅那口锅里捞起一勺滚油，另一只手端起熘汁来，把滚油和熘汁一起倒进那口烧红的铁锅中去。然后放开原来熬熘汁的锅

（熘汁进空锅了），左手端起一旁早就倒好的醋和麻油，倒进滚烫的熘汁中去，右手用手勺迅速把熘汁打匀。

沸腾的卤汁在高热的滚油帮助下，急剧汽化，浓稠的熘汁此时不断起泡翻滚。熘汁的这一位厨师，再扔进一把新鲜韭黄，然后用手勺顺手捞起一勺熘汁来，浇淋在刚刚脆炸出锅的鳜鱼身上。

此时，刚刚出油锅的鳜鱼，遇上了激情四溢的熘汁。热鱼撞上了热卤，恰似天雷勾动了地火，鳜鱼的表面像浇上了喷发出来的岩浆一般，滚烫的泡沫像着了魔的精灵一般地四处蹿动，糖醋香味中间杂着韭黄迷人而勾魂的幽香，瞬间四散弥漫开来。

袁枚曰："宁人等菜，毋菜等人。"这道醋熘鳜鱼的绝妙之处，全在最后一击的"串滋"。

笔者在多次亲尝了这道菜以后，强烈建议将两位厨师在最后一步合作的，搬到包间的餐桌边去做，这就是所谓的"堂食"。而现实中，只需一台带滚轮的双灶头鲍鱼车，就完全可以实现，当然熬汁的步骤要适当简化一下，用一口锅来熬熘汁。

最后，再多说几句闲话。松鼠鳜鱼这道菜毕竟已经在苏州打响了名气。20世纪90年代，苏州对这道菜的细节工艺（尤其是茄汁味型的那个"熘汁"配方）进行了详细推敲，最后定型为取用较大的鳜鱼，这样总体上的菜型放大了，就可以在确保"松鼠尾巴"的优雅造型的同时，保证鱼肉的细条最少呈现"筷子条"的粗细级别。于是"焦熘"的"外脆里嫩"感就有了保障。

从松鼠鳜鱼，到醋熘鳜鱼，并不存在着某种"前浪"与"后浪"的关系，而仅仅只是一种设计思路的角度变换，因为焦熘类菜式，在造型和味型上还有很多空间可以探索。在松鼠鳜鱼和醋熘鳜鱼的基础上，后来薛泉生大师又创制了翠珠鱼花。

如果汉语也像英语那样，有所谓的动词时态的话，那么，美食里的一切都应该是在"进行时"中表达。但现实却往往不是这样，在各种利益的驱使下，美食被虚无化、地域化、固定化了。

其实"经典"的意义，仅仅在于它的境界是值得后人学习的，但这并不意味着"经典"是不容置疑的。因为"经典"本身，往往就是在经过多次打磨和雕琢后才逐渐成形的。希望今后的中华美食界，不要再有非此即彼的"二相对立"。"不二"方为"法门"。

将军过桥

"美食"的"美"不仅仅是"天地造化",还有很大一部分是人力可为的。

只不过,这种人力可为的全新的"美",并不是靠简单的堆砌和罗列可以实现的,

它需要人们通过劳动和智慧,才能"化平凡为不凡"。

"过桥"原来是面条浇头的一种吃法,"浇头"直接放在面条上面,叫做"盖浇",

而把"浇头"用一只碟子单独盛着,吃面的时候再倒进去,这就叫"过桥"。

为什么要把一条黑鱼做成"一菜两吃"的两道可分可合的菜呢?

很简单,为了"物尽其用"。

清炖狮子头和醋熘鳜鱼这两道淮扬经典菜，其实都不是大自然直接赋予人类的。但中华美食届的无数先贤们，在不断追求美的过程中，发现了一个独特的规律，那就是"美食"的"美"不仅仅是"天地造化"，还有很大一部分是人力可为的。只不过，这种人力可为的全新的"美"，并不是靠简单的堆砌和罗列可以实现的，它需要人们通过劳动和智慧，才能"化平凡为不凡"。这些"人造"出来的美食，"虽由人作"，但是一定要想尽一切办法，把它做到"宛自天开"的境界。

　　不过，上述这些大道理，说来容易做来难。而这种难度，并不是难在理论上"想不通"，而是在实践中往往"想不到"。

我们再举淮扬经典菜中的一个例子——"将军过桥"。

　　"将军过桥"是民国年间才诞生的一道淮扬经典菜。始创者是王春林。

　　淮扬菜历史上的第一波高潮，出现在康乾盛世时期，那时的扬州经济富庶，文化发达，在运河沿线各大城市的一系列"文化形象工程"竞争中，几乎都处于独占鳌头的领先位置，淮扬菜的理论和实践也在那个时代迅速走向了初步的成熟。但淮扬菜历史上的第二波高潮，却出现在民国初年到抗战之前，那时的扬州已经百业凋敝，沦为了三线小城。但正因为这种凋敝，导致了大批淮扬菜从业者走出扬州，闯荡北京、上海这样的大城市。这也意味着，淮扬菜的烹饪审美观不再仅仅服务于精英阶层了，它不得不面对普通老百姓的价值观审视。

　　不太了解淮扬菜的人，往往会对淮扬菜产生一种误解，那就是淮扬菜就是为了"把普通的食材，做成普通人吃不起的样子"。

　　如果是在康乾盛世期间，这种看法还是有一定道理的，因为那会儿不仅国力昌盛，而且官场上充满了奢靡之风。为了讲究排场和面子，运河沿线的不少城市开了许多恶俗的先河，如满汉席、河工宴等。而处于权力中心之外的扬州盐商和文人们，当然会从心底里排斥这种过度张扬的做派。于是，文人菜的风格应运而生了。

"文人菜"鄙视搜奇猎怪的奢靡之风，也反对简单粗暴的虚荣摆阔，它崇尚"道法自然""天人合一"的理性审美。但不可否认的是，"文人菜"自身的审美情趣，同时也不可避免地带有某种脱离现实的孤傲与清高，"曲高和寡"甚至"孤芳自赏"的现象也时有出现。比如那种追求无色的"顶汤"，比如只取沙塘鳢鱼两小块腮瓣肉的"清炒豆瓣"等。这些美食史上的"过度审美"，也的确带来了一些负面影响。

当扬州富可敌国时，"过度审美"这个问题可能压根儿就不存在。但"三十年河东，三十年河西"，到了民国年间，随着铁路的开通，扬州通长江、联运河的地理位置已经失去了它昔日的重要价值。这座古城此时也变成了一个"前朝遗老"。盐商的宅子虽然还在，但昔日那种歌吹沸天的繁华已经不复存在了，家家户户都在精打细算中过着市井小日子。淮扬菜也不得不开始面对"文艺为谁服务"这样的问题了。

虽然此时的扬州，二两银子一尿壶的猪头肉是再也没有市场了，但毕竟这是一个经过上百年精致美食熏陶的地方。人是穷了一点，但富有富的讲究，穷有穷的活法，扬州人对于美食的那种研究方法是不会轻易改变的。

最终我们见到的结果是这样的——醋熘鳜鱼、将军过桥、小笼汤包、翡翠烧卖、千层油糕、烫干丝、鸡汤面、阳春面等一批红白案经典美食，集中地诞生于这一历史阶段。

把这些菜式堆在一起，可以看出什么样的问题来呢？

这说明，淮扬菜在这一历史阶段，经历了一次浴火重生的凤凰涅槃，文人菜的烹饪审美观，不再悬浮于虚幻的理想之中，最终回归到"实用性"这个地面上来。"无过无不及"的"过"和"不及"有了新的定义。

将军过桥就是在这样的历史背景下诞生的一道"创新菜"。

所谓"将军"，指的就是淡水鱼中的黑鱼，黑鱼因为性情凶猛，贪食无厌而得名"龙宫大将"。而"过桥"一词，原来是面条浇头的一

清炒玉兰片

种吃法，"浇头"直接放在面条上面，叫做"盖浇"，而把"浇头"用一只碟子单独盛着，吃面的时候再倒进去，这就叫"过桥"。"将军过桥"连起来，就是黑鱼的"一菜两吃"，鱼片单独取下来做成"清炒玉兰片"，而去除鱼肉的黑鱼残体，做成"奶汤黑鱼"，因为清炒出来的鱼片很容易冷掉，所以可以把冷下来的鱼片再倒进鱼汤中，这也是"过桥"。

嗯，看起来，这种黑鱼两吃，好像也没什么了不起的。

对了，淮扬菜要的，就是这种看起来没啥了不起，但一吃到嘴里，你可能就不会这么说了。

先来看为什么要把一条黑鱼做成"一菜两吃"的两道可分可合的菜。

首先，这是为了亲民。

要知道，到了民国年间，扬州这座城市早就"好汉不提当年勇"了。哪儿还会像过去的大盐商那样，不计成本、时间地去"套汤""赋味"呢。那会儿"吃得起"才是第一位的。所以，如果你的收入还能买得起一条黑鱼改善生活条件的话，那么，这条黑鱼必须在菜肴设计这个环节中，就要把"物尽其用"放在首位。

其次，黑鱼这种原料，也的确需要进行"分档取料，因材施技"。

家常版的黑鱼做法，往往以"奶汤黑鱼"居多，那无非就是把黑鱼洗净之后，入油锅煸透，再下入开水，以大火冲成奶汤。可是，这样做的鱼汤是不错的，气血双补还浓鲜爽口，但汤好喝了，鱼肉往往就不再细嫩鲜美了。问题是，一条黑鱼，全身各个部位都可以用来做汤，但如果把鱼肉也拿来做汤，那就可惜了呀，鱼肉打成鱼片，本可以做得更好吃的。而黑鱼汤呢？用剩下的部位冲成奶汤，味道不还是一样的吗？

于是，"将军过桥"最初的设计思路就出来了，一鱼二做，一菜两吃。

这道菜的第一个麻烦之处是，一条黑鱼要做两道菜的，从刀工处理那一步起，你就不能把"清炒玉兰"和"奶汤黑鱼"当成两道不相干的菜来处理，你得在做鱼片的时候，就得为黑鱼汤留个后手。所以，万不能只顾着取鱼肉切片，而不管剩下部位的造型，那后面可是还有一道讲究造型的汤菜呢。

在讲刀工之前，先来讲一下这道汤菜的名堂。

"将军过桥"是由"奶汤黑鱼"和"清炒玉兰"双拼而成的。而这里的"黑鱼汤"，须"盔甲齐全"，方可称为"将军"。那么黑鱼哪儿来的"盔甲"呢？往下看——

用刀背击打鱼头，这叫"活打"，不敲晕了它，你无法下刀。黑鱼的力气可不小，它要是扭起来，你很容易切到手。黑鱼从脊背处下刀向两侧剖开，顺刀势劈开鱼头成两半，确保鱼头有一半是连着主骨的（连着主骨的一片，称为"雄片"，没有主骨的那一只称"雌片"）。这是"一挂"。

去除脏杂，洗净血污。注意，沿主骨分成肚档相连的两片鱼时，中间肚档部位的下面是肛门，而肛门里面的一截是黑鱼的肠子，这就是从脊背处下刀而不是从肚档处下刀的原因。摘除内脏时，万不可将这一截肠子一块儿扯断下来。一定要让它原样连在肛门那里，只是将肠子那一段单独切出，剪开鱼肠并刮出肠中污物洗净。其他脏杂去掉就是。嗯，那颗鱼胆可千万要小心啊，那玩意儿要是破了，鱼肉就苦了，洗都洗不掉，要切掉那块沾了胆汁的鱼肉才行呢。

那为什么黑鱼一定要留着鱼肠子呢？嗯……这又得为黑鱼的"烹饪原料学"补一课了。

净鱼肉斜刀批片

鱼片须漂净体液

"将军六挂"

"杀鱼的时候，内脏一般都是要去尽的，否则一定会腥。"

对平时很少做菜的人来说，这句话无疑是对的。但在行家看来，这句话还是有些破绽的，比如"黄鳝须留三分血"（指蝴蝶片），比如"甲鱼去肠不去胆"，而如果是黑鱼的话，你要是把鱼肠子给扔了，那简直就是"暴殄天物"了。

黑鱼的鱼肠之美，在于那种软糯胶滑之中带着一种独有的脆性，

嚼来口感极为爽利。但因为大部分人在宰杀黑鱼时，就已经去掉了鱼肠，所以黑鱼肠的那种独特的口感之美，非饕餮之客不能明其就里。

不过绝大多数扬州人却不会犯这种错误，因为他们打小就应该听说过一句老话"宁丢爷和娘，不丢黑鱼肠。"

"宁丢爷和娘，不丢黑鱼肠"这句民谚是怎么来的，现在谁也说不清楚了。不过，第一个把这句民谚记录到书籍里去的，是乾隆年间的一位叫做林兰痴的扬州文人。这位仁兄是后来的三朝太傅阮元的舅舅，也是阮元的启蒙老师。他曾写下一本《邗上三百吟》的打油诗集，这本诗集基本上就是题咏当时扬州各种民风民俗的，而关于美食的内容占了差不多一半。这本诗集中，有一首这样写道："烧乌更比水乌香，去乙何须劝客尝，记得市儿无赖语，得来曾不顾爹娘。""烧乌"就是红烧黑鱼，"水乌"就是黑鱼汤，"去乙"就是去掉肠子。

好啦，烹饪原料学的课就补到这里。因为接下来是要批下鱼肉的，要注意批肉的时候，让掉鱼肠这个部位，让它留在肛门那里别动它就行了，因为留在鱼身上的鱼肠，也算是"将军六挂"中的"一挂"呢。

接下来要取鱼肉了，先沿肚档将连在一起的两片鱼切开，雄片是带着主骨的，沿主骨批开，使骨肉分离，但要确保主骨连在雄片那一半鱼头上。再分别将两片鱼肉批出，两条鱼皮也要连在鱼头上，中间的胸刺处，也要确保连在鱼头上。

这样鱼皮两挂，胸刺两挂。再加上留在鱼皮上的鱼肠一挂，和主骨一挂。是为"将军六挂"。这"六挂"务须连在一起，不可零碎。鱼汤上桌后，"将军六挂"要展示给食客看的。

好，下面终于可以单独讲清炒玉兰片了。

剐下来的两片净鱼肉，已经剔除了胸刺，但是你翻过来看，原来靠近鱼皮的部位，中间是有一条红色的肉的。这条红肉必须用刀剔除，这样就得到纯白色的净鱼肉了。

斜刀将净鱼肉批成鱼片，鱼片是要炒的，所以不可过薄，太薄了就容易断了，约两枚一元硬币那样厚才恰当。

批下的鱼片要漂水，漂到水清为止，这个步骤参考一下清汤鱼圆；

漂净的鱼片要上浆，上浆之前须上劲，这个步骤参考一下清炒虾仁；

上好浆的鱼片要在温油里"养油"定型，浆衣层包紧了再滑炒，配料是啥不重要，滑炒出锅，碟子里要有"卧底醋"……这些工艺步骤，也请一并参考一下清炒虾仁。

这些工艺步骤其实都不难，一旦学会并弄懂了它的原理，再讲就味同嚼蜡了。

重点是——清炒玉兰片，一定要白、一定要嫩、一定要有清香味。清炒虾仁里讲的那些细节，比如上浆时最好不要用干淀粉，而是抓取淀粉缸里沉淀在下面的淀粉糊糊，这样才会表面细腻；比如上浆的蛋清要比淀粉略多些，这样鱼片才会透亮；比如滑炒时的两道猪油，最好是熬过的葱姜油，这样才能更好地衬托清香。比如最后勾芡时，最好用鸡清汤而不是清水来化开湿淀粉……

为什么要学习经典菜，就是因为清炒虾仁这样的经典菜你学完了之后，像清炒玉兰片这样类似的滑炒菜，你不用学就会举一反三了。

下面专谈一下奶汤黑鱼。

我们前面用一篇文章的篇幅，详细地讲解了"清汤之道"，但是奶汤没有讲，这回结合奶汤黑鱼，讲一讲奶汤。

奶汤黑鱼，用一句话来说，就是用刚才刀工处理好的"将军六挂"冲成奶汤。

往细里讲，就是要先把"将军六挂"下开水锅，略焯个水，这个原理和"清蒸鳜鱼"的预处理一样，因为黑鱼是带有体表黏液的，非热水烫凝它，不能刮净。

接下去是重点了——"将军六挂"是不过油煸的，锅里直接先下

开水或提前制好的半成品奶汤。当然,厨房的火力大,下清水或者冷汤,大火一开,一会儿就沸腾了。而家用灶头火力不够,最好下开水或滚汤。这是为了"缩短攻击距离"。

汤中下入葱结、姜块、绍酒、虾籽,略焖出味后,下入"将军六挂"。开大火冲成奶汤。

为什么这一步不把"将军六挂"先煸炒一下呢?咱们家里做鲫鱼汤、鳜鱼汤,不都是先煸一下,甚至先炸一下鱼吗?

这就是"专业"与"业余"的区别所在。须知"奶汤"之所以呈牛奶般浓厚,靠的就是滚开的水迅速将鱼肉蛋白掉下来,悬浮于汤中,而煸或炸,往往会使表面的鱼体蛋白质提前变性了,被你煎到结实的鱼皮部位,其实对奶汤是没有多大贡献的,你要的只是"奶汤",而不是"既要喝鱼汤,又要吃鱼肉",锥子没有两头尖,在吃肉与喝汤两者之间,你只能取其一,才能使效果最大化。

这种吃法称为"过桥"

奶汤黑鱼真正的绝招在哪里呢?

其一,在鱼汤滚开时,汤面会翻滚出大朵的浪花来,顶头这个浪头,淋下滚热的猪油(另锅加热它),这叫"顶花浇油"。此时翻腾的汤水,会迅速地将这些滚热的猪油打碎成细碎的油珠,这样的奶汤才会浓香四溢。

其二,在下入葱结、姜块、绍酒和虾籽时,可以将炸酥的黄鳝骨头三两左右包起来一起下入汤锅。

　　酥鳝骨，这是淮扬菜独有的"天然浓汤宝"。一般淮扬菜在制作黄鳝类菜式时，会分档取料地剔下鳝背、脐门等鳝肉来，但那个黄鳝骨头最好不要扔掉。将鳝骨洗净后，切成寸段，下七成热的猪油锅里去炸。炸着炸着，你会发现，鳝骨的尖尖开始发黄了，这是要焦枯的前兆，赶紧将它用漏勺提出来，在空气中抖凉它，等它凉一点下来之后，再下油锅里继续炸。总之，既要确保它不焦枯，又要把它尽量炸酥。一直炸到鳝骨全部变为灰白色时，挑出部分鳝骨来，如果用刀把一磕就碎，那就表示着鳝骨"酥"透了，可以长期保存。你可以等它凉透之后，用罐子保存起来，下次不管做什么鱼汤、肉汤、肚肺汤，只要是奶汤，你都可以把它当成增香辅料添加进去。

　　当然如果有新鲜的鳝骨，煸炒一下再下入鱼汤也是可以的。

　　顺便说一下，预制好的半成品奶汤是怎么回事呢？

　　我们前面讲清汤之道时，讲过复合高汤是用老母鸡、老公鸭、猪蹄髈或排骨煮出来的。经过煮汤之后，汤本身再进行燥汤加工，就成了上等清汤。可是那些煮过一次的鸡啊，鸭啊，蹄髈啊，还有不少味道呢，于是这些煮到软下来的荤料，再加上清水，用大火再狠狠煮它一回，它就会煮成浓浓的奶汤，这种奶汤就是许多奶汤类菜的预制半成品。

　　将军过桥，是一条黑鱼的深入加工处理，但这种一菜两吃的烹饪工艺，植根于对烹饪原料的深入研究。这里，美食之道也和其他艺术形式一样，顺天，方可应人。

摄影 周泽华

第七章

巧于因借 精在体宜

如果能在理论和实践中把握了"巧于因借"

那就等于找到了"双剑合璧，威力倍增"的规律

对菜肴的观感、口感和味感的认知，就上了一个新台阶

淮扬文人菜的思维方式，在很大程度上，受到了中式园林设计理论的影响。

明末清初时，中式园林理论先后诞生了三部杰作，它们分别是文震亨的《长物志》、计成的《园冶》和李渔的《闲情偶寄》，它们都用不同的表达方式，强调了"崇尚自然、顺应自然、返璞归真"这一艺术规律。但《长物志》和《闲情偶寄》的内容比较杂，不能算是园林营造的专著。而《园冶》则是一本既有理论又有实操的园林学专著。

"巧于因借，精在体宜"是《园冶》一书中最为精辟的论断之一。"因"是讲园内，即如何利用园中的自然环境加以改造加工，比如园内"泉流石注，互相借资；宜亭斯亭，宜榭斯谢"。而"借"则是指园内外的联系。"借者，园虽别内外，得景则无拘远近。"这样，造园者巧妙地因势布局，随机因借，就能做到得体合宜。

这种园林营造理论，也可以在很多淮扬经典菜中，找到相对应的投射。

比如前面我们讲过的锅贴鳝背，再比如松子鸡、红酥鸡、白酥鸡、桃仁鸭方……这些菜式的主料，都是由多种食材人造出来的一种复合生坯，这种复合生坯可以在味性上互相因借，取长补短。

再比如酿青椒、鱼皮锅贴、葫芦虾蟹……这些菜式都用到了复合馅料，而这些复合馅料的搭配，也是一种互相因借。

总之，如果诸位能在理论和实践中把握"巧于因借"的设计思路，那就等于找到了"双剑合璧，威力倍增"的某种规律。对菜肴的观感、口感和味感的认知，就上了一个新台阶。

TIPS

明末清初时，是中国的思想史上的一个小高潮时期，政治思想界有黄宗羲、顾炎武；文艺理论界有李渔、计成。

计成的《园冶》出版于明末，原书名为《园牧》。但在好朋友的建议下，他在正式出版前，把书名改为了《园冶》。这一字之差，点出了这本书的价值。"园牧"即"园林规划设计及营造方法"。而"冶"本为"熔炼""铸造"之意，但这个字也暗含了"扈冶广大""镕铸鼎新"之意。这就有更广泛的美学价值了。

红酥鸡

"红酥鸡"简单点讲就是

——用鸡腿肉和猪肉末做成复合生坯，然后用这种复合生坯再去红烧。

"因借法"在淮扬菜中的具体运用，

其实反映了淮扬文人菜是如何把"格致诚正"落到实处的。

红酥鸡就是这样的典型案例。

一方面，要讲"巧于因借"，另一方面，也要讲"精在体宜"，

这是分寸把握的度。

"巧于因借，精在体宜"这句话原本是中式古典园林设计的原则。但这个原则，也被用于许多淮扬经典菜的菜肴设计理论。这就是复合生坯。

　　复合生坯是一种人造的烹饪原料，它大多体现为将多种烹饪原料，有机地组合成为一种复合生坯，然后再以这种复合生坯为主料，进行具体的烹饪调味。

　　"因借法"在淮扬菜中的具体运用，其实反映了淮扬文人菜是如何把"格致诚正"落到实处的。而"红酥鸡"其实只是"因借法"这一菜肴设计理念的一个典型案例而已。

　　所谓"红酥鸡"，简单地说，就是由鸡腿肉和猪肉末叠层酿起来，成为复合生坯，将这块"人造"的复合生坯炸至外酥里嫩，再红烧入味，切块装盘而成。

这道菜为什么要这样设计呢？

　　"鸡"是最为常见的食材之一，以鸡为烹饪原料设计出来的菜式，在各帮各派中，都可谓数不胜数。但仔细分析一下，我们可以发现，这些菜式中，绝大部分都是以整鸡、鸡块（包括专门取用某一具体分割部位）为主料，直接进行烹饪加工的。这当然没有什么"对错之别"，只是，这种处理手法的思路，相对比较窄。

　　我们把思路放开一点——将鸡这种烹饪原料进行更为细致的"分档取料，因材施技"。于是，对鸡肉本身进行二次精加工的许多菜式出来了，比如鸡粥类菜式、锅贴类菜式。

　　烹饪业内有一句话，叫"无鸡不成宴"。这是因为鸡的味性基本上能和绝大多数的食材合得来，它是个"百搭"的"和事佬"。也就是说，它的性味适宜作为"合唱"中的一员，但如果将它作为"独唱"，那么无论是口感还是味感，它的个性显然都不够突出。

　　举个例子——上海本帮菜中有一道"红烧圈子"，这道菜简单地说，就是红烧猪直肠，但是精通上海本帮菜的"老克勒"们往往会点"鸡圈肉"

红酥鸡主料

而不是"红烧圈子",所谓"鸡圈肉",其实就是"红烧圈子"这道菜的升级版,它只是加了鸡块和五花肉两种辅料和熟圈子一起红烧,这样不同的鲜味互相叠加,味觉感受就饱满而富有层次,吃起来当然就爽多了。

既然鸡这种食材适宜于和其他食材组合起来,那么一般的思路就是直接用相关食材作为辅料,"鸡圈肉"就是这种思路下的一个具体应用。

但淮扬菜的思维角度并非如此直白,因为文人菜是必须讲究菜肴造型的,如果只是将各种主辅料放在一起烹饪,菜肴的造型必然失之简单粗放。

一方面,我们要肯定"巧于因借",鸡肉和其他食材搭配起来,互相取长补短,这是对的。但另一方面,淮扬菜还要再讲究"精在体宜",就是菜肴的造型,必须体现"虽由人作,宛自天开"。

鸡腿去骨

批平腿肉

排出刀纹

剁虾茸

　　"红酥鸡"这道菜的设计思路就差不多出来了——用鸡腿肉和猪肉末做成复合生坯，然后用这种复合生坯再去红烧。

　　接下来的烹饪制作过程只要解决好两个问题。一是要保证这块复合生坯能够经得起红烧的长时间火候考验，不可脱坯，不可变形；二是要确保最终的成菜口感和味感，能够引人入胜。

　　还记得前面我们提过的那句"虽由人作、宛自天开"吗？复合生坯制作的关键，是鸡腿肉和猪肉末要足够"巴得牢"，最好就像它们天生就长在一起一样。

　　鸡腿肉是鸡身上肉质条件最佳的部位，咱们不总是说啃鸡腿吗，相比之下，鸡的其他部位，都不适合于长时间的卤煮红烧。

　　鸡腿肉当然需要先去骨，这个简单，沿鸡腿骨方向批开鸡腿，刀深至骨，然后扒开，批去腿骨即可将净鸡腿肉平铺开来，这是底层。当然，这个底层的形状这会儿还是不规则的。没事，最后烧好了会再切成整齐的块型的。

问题是怎样将那两层紧紧地粘合到鸡腿肉上去。这就需要皮朝下，在朝上的鸡肉那一面用刀适度排剁一下。

为什么要排剁而不是切呢？因为如果是切的话，刀纹虽然吃刀深度和纹理都可控，但那可是埋在最里面的，不需要美观，它的目的是使两层结合得更紧密。而排剁呢，虽然不怎么整齐，却可以使得鸡腿肉的破绽纹路相对不那么规则。要的就是这种纵横错落且有深有浅的不规则，这样猪肉馅才嵌得进去。

在鸡肉层上先均匀地撒上一层生粉，然后再涂抹上蛋清浆，这是黏结剂。蛋清里的蛋白质变性的速度要远快于鸡肉和猪肉，它一遇热就会凝结起来，这就对了。

红酥鸡香不香，主要看的就是猪肉馅的制作，猪肉馅要是马虎了，那这道菜的味感就差一口气了。

猪肉取硬五花，这是猪身上最适宜红烧的部位。

红酥鸡里的肉末，宜细切粗剁。如果是上绞肉机绞出来的肉，则肉香不佳，且容易板结成块。红酥鸡本来是道细巧菜，猪肉末上下的功夫如果太马虎了，还费这么大的事做什么红酥鸡呢。

猪肉末剁好之后，就是调味了。

常见的手法是猪肉末里放葱姜末、精盐、绍酒，这么做当然是没啥大错的。但是，这样处理出来的猪肉末，吃起来不会有"惊艳"感。

那么，那种会带给人"惊艳"感的猪肉末，又是怎样调味的呢？

凡荤料的馅料，常见的都是将所有的调味料一股脑儿统统放进去，然后搅拌均匀就可以了。但须知味道本身是有层次的，这些调味料本身，它们各自的功能和目的也是不一样的，如果把它们统统放进去，综合起来的感觉大致上是差不多的。但是，这样的味道不够细腻丰满。

笔者所见过的一种比较精细的处理手法是这样的——

肉末的调味处理，先要"吃水上劲"。"吃水"这一步可以用高汤，目的是使肉末致嫩，因为在"红酥鸡"这道菜里，猪肉只是辅料，吃水这一步不需要将肉末完全吃足水，大致使猪肉吃起来不那么干巴就可以了。接下来是"上劲"，这一步必须和调味结合起来细讲。

馅料里的调味料，不管有多少种，都可以按它们各自的功能，分为"矫味料""底味料"和"增香料"三大块。

"矫味料"一般是葱、姜、绍酒。它们的主要任务是将肉末中不雅之味"矫正"，虽然它们也参与"增香"，但主要的任务是"矫味"，如果你想突出"增香效果"，那也可以稍微多放点葱姜。

"底味料"是指盐、酱油、糖这几种，它们负责肉馅的底味是不是"正"。一般来说，肉馅的调味说起来是"咸鲜味"（指不放糖），但从风味上来说，略偏于"咸甜味"（指放适量的糖"吊鲜"），咸鲜的味感会更为细腻。至于放盐还是放酱油，都是定咸味底子的，看情况决定。比如这道"红酥鸡"是红烧的，那么猪肉末里可以放酱油定味，但如果最后处理成"白酥鸡"，那就不能有颜色了，只能用盐。

"增香料"是指能够使肉馅风味更为妖娆妩媚的调味料,比如麻油、胡椒粉等。（如果是牛肉馅，还得要用香料熬出来的油或水）这些最好是在最后一次搅打前放进去。

这三类调味料最好按"矫味"—"底味"—"增香"的顺序，分三次下,第一次下"矫味料",搅拌均匀；再下"底味料"，这次有盐味了，要搅打到"上劲"；最后下"增香料"，再次搅打均匀。

为什么要分三次下料，并且每次都要分别打匀呢？

如果一次性全下去，那么这些调味料的功能必然是分不清的，最后每样调味料的功效都不能充分发挥。而分作三次下调味料就不一样了，每一次下调味料的功用和目的都很明确，下一次调味料打匀一次，那么这一层的任务就完成了；下一次再下料，那又是下一层任务。

不要以为这种看似重复的动作是"无用功"，还记得前文说过的"以迁为直、渐近自然"的道理吗？码味虽然可以简化成一个步骤做完它，但是分次码味，也就是一个分步入味的过程。这个过程看起来是有点繁琐，但你替肉末中的每一粒想一想，首先接触到的是"矫味料"，那么"矫味"作为一项任务，是不是就彻底地完成了？再往下，"底味""增香"同样如此，这一粒小小的肉末，它的"入味"过程是不是更有序了？想明白了这个道理，你就不会犹豫了。

肉馅全都预处理好了，在鸡腿肉上铺上猪肉末。用刀在猪肉末上面，轻轻地再纵横排剁几下，这样猪肉末鸡腿肉就嵌酿在一起了。至此，这一大块人造的复合生坯就做好了。这块复合生坯才是"红酥鸡"的主料。只是预处理到此时，这块"人造"的生坯还很不结实。

再接下去，就是生坯定型。这里又有"煎"和"炸"这两种手法。

这两种手法虽然都是对的，但我们最终要的效果是"外酥里嫩"。所以，这里"炸"的效果可能更好一些。

这个"炸"最好分为两步，先是"重油煎"，就是下稍多一点的油，油层只能达到生坯厚度一半左右，火候要控在中小火之间，简单地说，就是先让这个复合生坯在"煎"的状态下温柔地结合起来，等到两面都煎紧实了，将它捞出来。这时候红酥鸡的生坯差不多已经变得比较结实了，但外层的酥脆感还差了一口气。所以，接下来当然就是高油温的脆炸。

加入大量的油，烧到七八成之间（确认油已冒烟，冷手勺下锅推

扑干淀粉

抹上蛋液做黏结剂

将猪从末排剁酿在生坯上

动时有炸裂声），再将定好形的复合生坯推下锅去油炸。这时就不用再投鼠忌器了，这一步必须勇猛果断，油量要多，且油温要高，要确保生坯块下锅以后，外表层迅速地结起一层"焦圈"壳来。但这个过程万不可过长，因为如果时间太长了，就不是"脆炸"而是"熟炸"了（时间长了，外面还可能会焦黑）。我们的目的是既要使外壳酥透，同时又要确保内部有一定的持水力。这样才会"外酥里嫩"。

"红酥鸡"的最后一步，看起来像是红烧，但和普通红烧不同的是，它实际上应该是"红焖"再加"扣蒸"。

砂锅里放一只竹垫，下整块炸好的坯料，加酱油、糖、葱结、姜片、绍酒，下清水淹没鸡块，压上一只碟子以防鸡块浮起来（炸过的复合生坯已经脱了不少水分，不加"盖盘"一定浮上来），大火烧开，移文火焖至入味后，再改大火收紧汤汁。这一步基本上就是"红焖"。其目的，是使炸过的生坯"回酥"。

淮扬菜中的很多菜式，比如白酥鸡、烧笙箫、酥煏鲫鱼，这些菜式都需要"回酥"，也就是先将生坯用油炸至原料部分脱水，然后再用文火烧炖至重新回软下来。先武后文的两种不同的加热方式，会使天然食材产生一种奇妙的口感和味感，对于完全没有品尝过"回酥"感的食客来说，很可能会产生一种发现新大陆的兴奋感。

按照一般人的理解，红焖后基本上就可以改刀装盘了。

但几乎所有的淮扬菜老菜谱上，都还多出了一步"扣蒸"。这一步是这样的——

将烧好的红酥鸡大块改刀成整齐的长条状，鸡皮朝下排入扣碗内，倒入原卤，上笼蒸透。另起锅炒好豌豆苗。取出笼内酥鸡，将扣碗中卤汁滗入锅内烧沸收稠，加湿淀粉勾芡，浇在扣在盘子里的酥鸡上，围上豆苗配菜即可。

最后这一步，其实并不是画蛇添足。

因为烧好之后的红酥鸡是整块的，这时的鸡块是热的，如果这时拿来切块，那这个热乎乎的坯料是会散掉的。其实不要说这种人造的生坯了，就算是盐水鹅、卤牛肉，如果一出锅还热乎乎的时候就去解刀切，也会产生散碎现象。一定要等它冷下来，这块坯料才不会滑动，这样才可以整齐地切成长条块（当然也可以切成方块）。但形状和刀口都整齐了，温度又不对了，总不能这样冷着上桌吧。于是顺势再加上一道扣蒸。而蒸汽的温度往往比汤水要高，这样酥鸡块会再次煊腾起来。

"红酥鸡"是一道美妙的浓口菜式，味感醇厚馥郁，口感更是酥爽滑润。

这道菜还有很多种变化形式，比如将炸好的酥鸡块冷透后切块入鸡汤清炖，则为"白酥鸡"；如果在红酥鸡的做法上，在那个猪肉末层的上面，嵌入少许松子（做法同红酥鸡），则为"红松鸡"。

除了红酥鸡系列之外，再推而广之，金钱鸡、松子肉、桃仁鸭方，等等，这些菜式也都运用了"嵌酿"这种手法，而这种手法背后的烹饪理论，就是"巧于因借，精在体宜"。

葫芦虾蟹

象形菜最重要的并不是象形本身，

而是这个象形是不是"巧于因借，精在体宜"，

如果不是这样，你随便在一盘菜上安上个萝卜刻的渔夫，

或者用南瓜雕个龙头，又有什么意义呢？

既要顺势而为，体现出"匠心"，又不能过度审美，表现出俗不可耐的"匠气"。

菜肴设计要做到自然而然、恰到好处，

方能体现出淮扬菜"处处匠心、了无匠气"的神韵。

"巧于因借，精在体宜"这句话原本是园林设计的法则。中式园林的设计者，最初只有一个大致的布局蓝图。而园林的细节处理，往往是造园者巧妙地因势布局，随机因借的结果，这些得体合宜的运用往往是一种灵感的体现。

而这些艺术层面的理念，很难用书面语言具体地表述出来，但这种"只可意会，无法言传"并不表示传导过程本身不存在。

淮扬菜的传承过程中，也存在着类似的问题。那就是现在的烹饪教学，往往只注重烹饪工艺的具体操作步骤，但实际上，烹饪步骤并不是一成不变的，这些实操步骤其实并不重要，重要的是你是不是懂得这样做背后的原因。

《园冶》这本书，好就好在它着重讲的是营造理论，而淮扬菜同样如此，烹饪审美理念远比烹饪工艺步骤要重要得多。

这一回，我们来看另一道淮扬经典名菜——葫芦虾蟹。

先来介绍一下什么是"葫芦虾蟹"。简单地说，这道菜就是用网油包起虾仁和蟹粉来，做成一个葫芦状的造型，再油炸出来。

你可能会觉得有点不以为然——不就是做了个葫芦造型的菜式吗？好像也没啥了不起。如今全国各类烹饪比赛上，造型比葫芦好看的菜式，多了去了。

象形类菜式，在今天可能的确不算稀奇。你能把萝卜南瓜或者面团做得惟妙惟肖，当然也是一门手艺。但烹饪比赛毕竟不是美术雕塑比赛，美食的终极服务对象是人的舌头而不是眼睛。菜肴的造型本身有一个审美角度的问题，**象形菜最重要的并不是象形本身，而是这个象形是不是"巧于因借，精在体宜"，如果不是这样，你随便在一盘菜上安上个萝卜刻的渔夫，或者用南瓜雕个龙头，又有什么意义呢？**

"葫芦虾蟹"这道菜 1983 年才问世，那是笔者的师傅薛泉生参加江苏省首届特级厨师考核时的作品。后来，这道菜以造型优雅、口感弹滑、味道鲜美而被列入淮扬经典名菜。

那么，"葫芦虾蟹"这道菜到底好在哪儿呢？

首先，它解决了烹饪业内的一个大问题，那就是螃蟹虽然味道很美，但如何兼顾菜肴口感和造型，却始终是一个难关。

如果偏重于蟹的原形，那么"芙蓉蟹斗"应该算是一个不错的创意了。它把螃蟹肉剔成蟹粉，再把炒蟹粉装在蟹壳里，上面再用蛋清芙蓉封口。

但即使是"芙蓉蟹斗"，也还是存在着设计缺陷的，那就是这道菜用的是清炒全蟹粉。蟹粉本身虽然味道非常鲜美，但它的口感却又相对平淡，除了蟹膏和蟹螯肉口感比较有特点以外，占全蟹粉大多数比例的蟹黄、蟹柳（蟹腿肉）、蟹斗（蟹胸肉）口感一般。

如果在设计之初，完全不用照顾蟹的原形，那用什么样的造型才是"精在体宜"的呢？要知道拆蟹粉本来就够费事的了，如果再往细里不管不顾地分档取料，比如取用纯蟹膏或者蟹钳肉，那么这样的菜式就几乎"不食人间烟火"了，这样的菜式往往又会陷入"过度审美"的泥潭里去。

这就是"巧于因借，精在体宜"的微妙之处——它既要顺势而为，体现出"匠心"，又不能过度审美，表现出俗不可耐的"匠气"。菜肴设计要做到自然而然、恰到好处，方能体现出淮扬菜"处处匠心、了无匠气"的神韵。

蟹粉的口感问题很容易解决，将虾仁和蟹粉拌在一起就行。虾仁味薄，但胜在口感弹滑，蟹粉口感一般，但胜在味厚，所以"虾蟹"往往会构成一对互相因借、双剑合璧的搭配组合。

但把虾蟹组合到一起去，再用"芙蓉蟹斗"这种表现手法就不合适了。虾仁会被吃出来的，它怎么会跑到蟹壳里去的呢？人为斧凿的"匠气"这下就冒出来了吧？

那么，不用蟹壳，又同时能符合虾蟹组合的菜肴造型是什么呢？这就得从更深的文化概念上去寻找创意了。

葫芦

在中国人的文化印象中，葫芦往往是仙风道骨的道家的标配，太上老君也罢、铁拐李也罢，他们的葫芦基本上就是象征着魔力和法术的百宝箱。而葫芦的丰收季节通常在秋季，这时候葫芦果实已经成熟，呈现出鲜绿、橙黄、乳白等不同的颜色。当葫芦成熟时，果实内的种子已经形成，葫芦变得坚硬，可以储藏许多物品。在农田或庭院里，这个时候的葫芦成为一道独特的风景。

所以，用"葫芦"来盛虾蟹，是合理的。

那么下一个问题是，这个用来包裹虾蟹馅的"葫芦"，用什么样的烹饪原料，怎样做出来才是合适的。

用天然的真葫芦来做显然是不现实的。因为葫芦到了秋天就木质化地硬了，而夏初时的葫芦虽然还比较软，但你怎么把虾蟹馅装进去呢？再一个，天然的葫芦也不好吃呀。

那么，用土豆、萝卜来雕一个葫芦呢？从食品雕刻这个角度来看，雕出一个葫芦形来，易如反掌，但虾蟹馅怎么包进去仍然是一个难题。

用面团来捏一个显然是可行的，但那显然会让人误以为，那只不过是"虾蟹包子"或者"虾蟹饺子"的象形版，属于白案点心，而不是红案菜肴。

接下来思路很清晰了，得找一个像面团似的、可塑性比较高的食材来，先把虾蟹馅包起来，然后再做成葫芦形状，怎样致熟并不是很重要。这就很接近最后我们需要的结果了。

可塑性比较高的包裹性食材里，最常见的就是豆腐衣。将豆腐衣

网油上撒上干淀粉拍实

用网油包起虾蟹馅

在葫芦口塞进一只凤尾虾

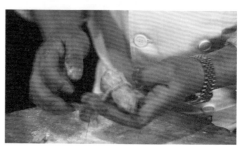
将生坯扎成葫芦状

生坯挂上蛋液后扑上面包糠

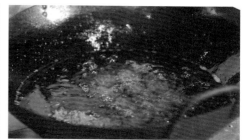
将生坯炸至定形

　　焐软下来，当然可以很方便地将虾蟹馅包裹起来，再捏成葫芦状，但接下去要定住这个葫芦形，那就只能靠油炸了，油炸过的豆腐衣，那可是相当脆的，这样食客夹起来的时候，会不会夹碎那只宝贝葫芦呢？

　　百页行不行？面筋行不行？鱼皮行不行？

　　最终虾蟹馅的包裹料选材，还是不得不落在了传统的网油上。

　　猪网油是猪胃部及横膈膜之间的一层网状脂肪，呈雪白色，具有浓郁的猪肉香和油香。猪网油可以包裹各种食材，如云耳丝、笋丝、猪腰、猪肝等，形成炸物，使食材外皮酥脆、滑溜且带猪肉香。在蒸煮菜式中，猪网油也用来包裹较厚身的鱼肉，如鲃鱼、鳜鱼、鳝片，以保持鱼肉的嫩滑和鱼鲜。

传统淮扬菜中，网油的用处曾经是很多的，比如网油虾塔、山鸡塔、卷筒鸡、卷筒肉等。那为什么还要考虑那么多替代材料呢？

好吧。你仔细想一想，上述这些菜式，有几个食客见到过呢？或者更极端一点，有几个人听说过呢？

原因很简单，网油虽然很好，但也有它的麻烦之处。

其一就是网油如今并不好买。如今的猪大多养殖周期较短，很多猪宰杀之后没有网油，或者网油不成形，所以大多数肉档上是没有网油卖的。本来每头猪身上都有的、不值钱的网油，现在可能要花大力气才能找得到。其二，就是网油处理起来比较麻烦。它得用温水、葱姜和黄酒多次漂洗，直至去净血水和异味，然后还得晾干。所以，改革开放以后，用网油来做的传统菜式，基本上都很少见到了。

但不可否认的是，网油在烹饪实操上，尤其是用在油炸类的菜式上，那种外皮酥脆、内里鲜嫩，带有独特的猪肉香和油香的感觉，仍然是不可替代的。

我们把"葫芦虾蟹"这道几乎市面上见不到的菜式记录下来，也许并不符合"文化搭台、经济唱戏"的"潮流"。但是，过度商业化的餐饮市场，已经使我们这个民族失去了很多味道上的记忆。记下这些菜式，至少可以让后人知道，我们曾经在美食境界，到达过怎样的一个高峰。

葫芦虾蟹这道菜的制作，有几个细节重点需要强调一下。

其一是虾蟹馅。虾蟹馅是由上浆虾仁（或虾仁碎粒）和炒蟹粉加葱末和胡椒粉拌起来的，这是常规做法。更精细的做法，要考虑到进一步美化馅料的口感和味感，比如可以加入皮冻，这样吃起来像汤包的质感，比如可以加入板油丁，这样趁热吃起来更滑润。

其二是葱椒盐。菜谱上往往写着，在划成等分大小的网油两面拍

上干淀粉，抹上全蛋液，一端先放上个凤尾虾（虾尾从葫芦尖那儿冒出来），将虾蟹馅放在网油上包裹成圆锥，外面再抹上蛋浆，滚上面包糠，在中间用笋丝扎出葫芦腰来。这就成了葫芦虾蟹的生坯。但这里需要加一句，刷在里面的蛋液，是要加葱椒盐的。

所谓"葱椒盐"，这是厨房里油炸类菜式的秘密武器。那是将大京葱和花椒分别剁至极细，再加入细盐拌和成的一种厚糊状的半固体，它一般和在鸡蛋液里使用，这样炸出来以后，会有一种幽幽的暗香。

当然，最后的油炸也要分为定型炸和脆炸两次复炸的，装盘时最好再炸点虾片来点缀，这些都是基本常识了。

多年以后，当师傅跟我们讲起这道"葫芦虾蟹"这道菜时，他讲得最多的，是这道菜最初的设计过程。而急性子的徒弟们往往关心的是，这道菜最后到底是怎么做出来的。

这道菜的制作过程有哪些秘诀，当然重要，但更重要的，应该是这道菜当初是怎么想出来的。菜肴设计思路及其背后的烹饪审美理念，不光是举一反三的问题，更重要的是，这是"厨子"走向"厨师"的最关键的一步。

桃仁鸭方

"桃仁鸭方"看起来这是一个有点奇特的鸭块，

底层是鸭皮和肉，中间是黏结物，上层一般是镶嵌着核桃仁的糯米饭，

这是个类似于三明治那样的多层块状油炸物。

"桃仁鸭方"最大的亮点，就是入口之后的那种极致的"香酥"感，

香指的是鸭肉，而酥则是上下两层的那种极致的酥脆。

咬破外层之后，里面则是鸭肉和糯米的那种软糯爽滑的鲜香。

这是一道可以让食客眼前一亮的精致小菜。

"地域之争"是美食圈里一个永恒的争吵话题，比如"宫保鸡丁"到底算鲁菜还是川菜？比如"松鼠鳜鱼"到底是苏州菜还是扬州菜？

说句实话，这类争吵其实一点意思都没有。因为中华名菜不像可口可乐那样，一开始就有一个具体明确的发明人。它往往历经了漫长的演化史，并凝聚了很多代人的智慧和经验，才变成今天我们所认识的那种样子。这一类的争执其实完全不属于学术争鸣，只不过是各种利益驱使罢了。

那么美食文化的研究该从哪里入手呢？笔者认为，放下所有的利益角度，从菜肴的风格演化过程来看，可能更有价值和意义。

以"桃仁鸭方"这道菜为例。虽然这并不算一道特别著名的菜式，但它到底算是谁发明的菜，这一点恐怕很难扯得清，在我看来，压根儿也没有什么必要。重要的是这道菜的设计思路从哪里来。

"桃仁鸭方"是一道相对冷门的菜式，在淮扬菜宴席桌上，它和锅贴鳝背、芙蓉鱼片等同属于"过口菜"。在淮扬菜里，"过口菜"虽然只是宴席桌上的配角，但这个配角却往往有配角独特的角色分工。

从总体上来看，淮扬菜的"过口菜"往往需要在观感、口感和味感上，突出地强调或放大某一重点，能够使食客生发出一种"方寸之间，别有洞天""即小见大，芥纳须弥"的感慨。所以，这一类菜式，往往特别强调菜肴设计是否具有洞察力，当然这得取决于你能否把这种设计意图最终完美地表达出来。

作为一种"过口菜"，"桃仁鸭方"当然是小巧可爱的，看起来这是一个有点奇特的鸭块，底层是鸭皮和肉，中间是黏结物，上层一般是镶嵌着核桃仁的糯米饭（也可以是其他的），这是个类似于三明治那样的多层块状油炸物。如果你对粢粑（上海人称为糯米粢饭糕）和香酥鸭这两样都不陌生的话，那么"桃仁鸭方"就是这两者的有机结合体。

"桃仁鸭方"最大的亮点，就是入口之后的那种极致的"香酥"感，香指的是鸭肉，而酥则是上下两层的那种极致的酥脆。咬破外层之后，里面则是鸭肉和糯米的那种软糯爽滑的鲜香。这是一道可以让食客眼前一亮的精致小菜。

"桃仁鸭方"很可能就是结合了香酥鸭和粢粑这一菜一点的长处而设计出来的，这种互相因借，是典型的淮扬菜设计思路。不过要想把这种设计思路完全表达出来，在制作过程中，还有若干细节需要用心把控。

之所以说"桃仁鸭方"是"香酥鸭"的升级版，是因为它的前期处理，几乎与"香酥鸭"是一模一样的。先将鸭子蒸熟，再将熟鸭子炸至外酥里润。

"香酥鸭"这道菜本身可不是不好吃哈，它可真的是一道好菜。但如果戴上淮扬菜的眼镜来重新打量一下，那么你就会发现，其中有一点是不符合淮扬菜审美观的，那就是这道菜是整鸭上桌的，菜肴的造型上简朴了一点。而且一整只鸭子上桌，食客的吃相可能不雅观。

淮扬菜业内称为"文人菜"，所谓"文人菜"，就是用文人的世界观和方法论来做菜。

子曰："质胜文则野，文胜质则史。文质彬彬，然后君子。"意思是：质朴多于文采就难免显得粗野，文采超过了质朴又难免流于虚浮，文采和质朴完美地结合在一起，这才能成为君子。

这句话同样可以映射到美食上来，香酥鸭这道菜虽然口感和味感都不错，但在菜肴设计上，还有可以升级的空间。

鸭子要选肥硕的老鸭，老鸭才够香。净光鸭处理好后，接下来是腌渍入味。

传统的"香酥鸭"，在腌渍入味这一步上，有很多不同的调味手法。葱、姜、绍酒、胡椒粉这些调味料是共同的。但接下去的调味，要分为"浓口"与"清口"两大类。浓口的，重用香料，比如八角、砂仁、草果、桂皮、陈皮、山奈、白芷、小茴香、肉蔻、香草籽、香叶、良姜、丁香，各样俱有，配比则各家稍有不同。而清口的一般只重用"淮盐"。淮扬菜的味觉风格当然是选用清口的这一种。不过，到底选用哪一种腌料配方，是个见仁见智的事。这就是写菜谱的难处，因为没有哪一种做法是绝对正确的。一旦菜谱里把配方和比例都给写实了，那倒反而挂一漏万了。

所谓"淮盐"，实际上就是花椒盐，它是指将花椒和细盐用干锅炒热后，趁热用擀面杖擀碎花椒（盐也可在花椒碾碎后再放，似不如前者）。

"淮盐"最好趁热去擦，因为热盐的渗透力较强，这样可以用相对较少的盐将鸭子腌透，腌火腿、腌咸鱼、腌风鸡也都是这个道理。

这里的微妙之处，在于香味的处理，也就是花椒的分量。"淮盐"只是一个通行的做法。但也有将这个过程再细分为两步的——第一步是仅用少量热盐去擦，目的仅仅在于"喂口"（使鸭子生坯有个咸底子）；而第二步，是将京葱白、花椒碎（炒过并碾碎）和盐（这是另一半盐）充分剁细成茸，这叫做"葱椒盐"，然后再将这堆茸子涂抹在鸭子身上。这样显然效果更佳。

别忘了再加葱段、姜片、绍酒和胡椒粉，这些增香腌料要下足，鸭子蒸出来，香味才正。

这个腌渍码味的过程万不可操之过急。你见过老猫捕麻雀吧，它得先缓慢地挪动到攻击距离时，才会猛地上去扑捕。做菜也是这样，腌渍码味，是为了旺火蒸透时足够入味，这步缓急顿挫如果不控制好，蒸出来的鸭子进不去味。

如果是香酥鸭，那么鸭子蒸透之后，抹去香料，挂上皮水就可以下油锅炸了。但"桃仁鸭方"做到这一步后，就跟"香酥鸭"分手了。它还有一堆后续加工要做。

首先是趁热拆骨。 淮扬菜的拆骨工是精细菜式的标配，只不过这里的拆骨，不必像三套鸭那样，在净光鸭的时候"整禽出骨"，它可以等到蒸熟了再拆，这样难度就低了很多。拆完了骨的鸭子皮朝下平铺开来，再将鸭肉厚的地方片平，填到鸭肉薄的地方去，这样就得到了一大块均匀带着鸭皮鸭肉的坯底子了。

接下来，在鸭肉层上纵横排剁出刀纹来，便于酿嵌虾缔子。这个步骤和红酥鸡的酿嵌步骤一样。

虾缔子的处理并不复杂，将虾仁（虾的品种无所谓）用刀塌开剁匀，也不需要剁得特别细。再加上五分之一的肥膘茸以增加虾缔子的脂肪含量，拌盐喂口后，搅打上劲。平铺在鸭肉层上，再排剁几下使之嵌紧。

传统的桃仁鸭方，酿完虾缔子，再嵌上桃仁，就可以下油锅炸至定型了。也就是说，老式的淮扬菜桃仁鸭方，就只有鸭肉层和虾茸层，嵌在虾茸上的桃仁，称为"俏头"，不算在层数里。

但这样可能仍然不够完美。因为虾缔子这一层是直接露在外表层的，炸完了以后，虽然造型上可以切得很整齐，但从口感上来说，虾缔子的外表层，既不酥脆也不爽滑。而虾缔子业内称为"百花胶"，它应该有一种温润软滑的愉悦口感。

所以，这道菜后来再次进行了改良，那就是在虾缔子这一层之上，再加一层糯米饭。把桃仁嵌在糯米饭上，这样等于加了一层外酥里润的"粢粑"。

在虾缔子上再平铺一层糯米饭，这一步也需要嵌紧，这个不算太难了。但这

鸭方生坯

嵌上去皮桃仁

桃仁鸭方复合生坯

炸透生坯

改刀成块

个糯米饭需要特别讲一下。

　　鸭子在蒸制的时候，蒸碗内是会带有不少鸭汤的，无论是香酥鸭，还是老式的桃仁鸭方，这些汤汁都是用不上的，最多用于卤肉时添到汤底子里去增香。而加了糯米饭这第三层后，这些宝贵的汤汁也派上用场了，那就是用这些鸭汤去蒸糯米饭。这样糯米里也会带有和鸭肉层完全统一的鸭香，这就做到了物尽其用。

　　"桃仁鸭方"里的那个"桃仁"，其实和"鸡粥蹄筋"里的那个"蹄筋"差不多，它们都属于"俏头"，也就是虽然它可有可无，但加上去会增光添彩。

　　"桃仁"指的是核桃仁，这里的核桃仁一般取用老桃仁，老桃仁要用热水浸泡两三次，才好剥开外皮，如果不去皮的话，桃仁会发苦。而且去皮的桃仁最好事先炸好，炸桃仁的手法和炸花生米差不多，下去的时候油温不可太高，炸到它冒油花就行了，桃仁一般冷透了才会酥脆，这也和油炸花生米差不多。这些是厨房里的常识。

把处理好的桃仁嵌到糯米层上去，确保切块以后，每块都可以带上一块桃仁，桃仁鸭方的坯底子就算做完了。

下面是油炸了。

如果不加这一层糯米饭，那么炸复合坯的油温就不能太高，因为虾缔子直接露在外面，它的含水量很高，下了高温油锅，会剧烈失水，这样复合生坯很可能会变形。但如果油温不够高，鸭皮层的酥脆感又可能会差口气。

如果在虾缔子的外面再加上这一层糯米饭以后，虾缔子就被包裹在中间了，这样油炸的时候手脚就可以放开一点了。先用六成油温把生坯定个型，然后捞出来，等油温升到七八成间，再下去复炸，这下鸭皮层和糯米层这最外面的两层，酥脆感一下子就出来了。

再接下来，出锅改刀切块，那就没啥可讲的了。

"桃仁鸭方"这道菜，既算是传统菜，也可以算创新菜，其实这两者之间很难划清界限。因为即使是淮扬经典菜，它也并不是一开始就定型到今天这样的高度的，所以不存在某种唯一正宗的做法，当然也就没有唯一正宗的菜谱。

而万变不离其宗的，其实是淮扬菜的烹饪审美理念，这是根植于文化土壤之中的思维方式和行为习惯。我们之所以把每一道菜从设计理念讲起，再讲到每一个关键的细节，其实正是为了准确还原淮扬菜的精髓。

不忘初心，方得始终。

冷拼　虹桥修禊　薛泉生制作　摄影　王建明

第八章

盘政修睦 偶露峥嵘

淮扬菜中，冷菜往往被称为"冷盘"
而摆盘的工夫就统称为"盘政"

醉虾、茄鲞、炝虎尾、玛瑙蛋、盐水老鹅、五香牛肉、水晶肴肉、酥爛鲫鱼、牡丹酥蚕、韭芽青螺、胭脂藕片、糟香鹅掌、水晶鸭信、翡翠羽衣、虾籽笋芽、香菇银杏、白菊鸡丝……

这些淮扬菜中的冷盘经典，虽然看起来眼花缭乱，但总体上是不是有一种说不清道不明的风格特色？这就得先谈一谈淮扬菜装盘的"盘政"。

淮扬菜的红案技术，一般分为炉、案、碟三大类。"炉"指的是热菜临灶，重点在于火工、勺工和调味；"案"指的是切配，重点在于刀工和各种预处理，而"碟"指的是装盘美化，重点在刀工和摆盘。

而实际工作中，淮扬菜红案厨房，往往分为冷菜和热菜两个部分，冷菜制作往往是一个相对独立的部门，有独立的冷菜间。这是由冷菜生产的特点决定的。因为冷菜对于菜肴温度的要求不是太高，所以冷菜往往是批量化生产的方式集中制作的，但这并不意味着冷菜的技术含量低于热菜，只不过冷菜与热菜的侧重点不同。

总体上来看，冷菜制作往往有三个要求，盘政修睦、偶露峥嵘、酒饭两宜。

盘政修睦，讲的是冷菜摆盘的总体要求。淮扬菜里的冷菜，常被称为"冷盘"。因为冷菜往往是宴席开席前就布好了的，所以冷盘要讲一个"盘政"。所谓"盘政"，一是要通过冷盘的展示暗示这桌宴席的档次和规制；二是其冷盘本身要像一个小团队或小社会一样，既要搭配和谐，又要优雅自然。

偶露峥嵘，指的是冷菜制作的技艺水平。冷盘为一席佳宴的序幕，宴席的主角是接下来的热菜，但冷盘作为先锋要有节制地显露出整桌菜肴厨艺的"冰山一角"。

酒饭两宜，指的是冷菜设计思路。冷盘是宴席桌上摆放时间最长的菜肴，最好的冷盘，最好是既能作为下酒菜，也可作为下饭菜。

这些大道理讲来可能太空，我们还是举例说明好了。

"席政"与"盘政"

老子曰：治大国若烹小鲜。

如果这句话是对的，那么反过来"烹小鲜若治大国"也应该是成立的。

淮扬菜被称为"文人菜"，

简单地说，就是像治大国那样去整治一席佳宴。

"席政"、"盘政"就是餐桌上的"治国"。

老子曰：治大国若烹小鲜。如果这句话是对的，那么反过来"烹小鲜若治大国"也应该是成立的。淮扬菜被称为"文人菜"，简单地说，就是像治大国那样去整治一席佳宴。这就是所谓的"席政"。

"席政"主要是宴席设计者的事，这项工作看起来就是为一桌宴席"写菜单"，但这项工作一般人还真做不了。原因如下——

设计者首先要了解不同时节有哪些时鲜菜上市。比如时鲜蔬菜，"春吃芽、夏吃叶、秋吃果、冬吃根"，这些常识不能搞错了。再有，宴席菜单还得结合养生学来设计。如果大夏天的给上个拆烩鲢鱼头，大冬天的给上个芙蓉海底松，往往会让食客中的行家感到败兴。

此外设计菜单之前，还得看来宾。如果老人多，那么菜式中得有"软烂淡"的菜式，如果孩子多，菜式中得有"酥脆弹"的菜式。如果北方人多，得多设计浓口菜，而南方人多，须以清淡菜式为主；如果客人有寿宴、喜宴、烧尾、尾牙等具体的要求，那么"头菜"最好与宴席的主旨相吻合。

再就是，你得对厨房里每位厨师的烹饪技术水平有充分的了解，如果人手足够且厨艺精通，那么可以安排一些费工费时的精巧菜式，如果人手不够或者技艺平常，那么就该设计一些难度不太高的菜式。

当然，菜单设计还得把"原料多样、技法多样、味型多样"这些最基本的要求贯穿始终。

这些就是"席政"。席政当然也是要讲"修睦"的，只不过，宴席菜单的设计并不那么显眼醒目，一般食客难以体察到其中的微妙之处。但是冷盘就不一样了，因为冷盘一般是在开席前就要全都布上台面的，所以"盘政修睦"提得更多一些。

对于普通的厨师或者食客来说，站在全局的高度，像"治大国"一样去"烹小鲜"可能太难以理解了。但其中有一条是每一位厨师和食客都能理解的，那就是摆盘必须好看。

"炉、案、碟"是淮扬菜红案三大基本功之一，而"碟"专指成

菜最后的装盘美化。对于红案师傅来说,三大基本功都很重要。但是实际工作中,每个人的侧重点是有所不同的。其中"碟"这项基本功,冷菜师傅一般最有发言权。因为摆盘是冷菜最重要的基本功,摆盘的手艺不行,那是绝对进不了冷菜间的。所以淮扬菜中,冷菜往往被称为"冷盘"。而摆盘的功夫就统称为"盘政"。

"盘政"是啥意思呢?你可以先参考一下上面的"席政"。

不管是四冷碟、六冷碟还是八冷碟,这些冷菜的主料、造型、味型都是需要统一安排的。因为冷盘是同时布上台面的,所以冷盘菜式的总体设计,相当于一个小型的"席政"。比如你上了一道"水晶鸭信",那么"糟香鹅掌"就不要再上了,因为禽杂一类的菜式重复了;同样,"玛瑙蛋"也不宜再安排了,因为冻子类的技法也重复了……诸如此类。

通盘考虑冷盘设计摆放的品种,这是"盘政"的第一要务。

"盘政"既有"治大国"的一面,也有"烹小鲜"的一面。而"烹小鲜"的一面中最重要的一点，就是冷盘的造型，而冷菜造型的灵魂，就是"刀面"。像蓑衣青笋、牡丹酥蚕这些著名的冷菜，一看就是以刀面清雅见长的菜式。

"码、围、排、叠、堆"，这是冷菜"刀面"最基本的五大入门手法。

"码"有点像堆金字塔，从下往上，一层一层堆成锥形；

"围"是将切好的原料排成封闭的圆形；

"排"是将原料切成条状后，排列着码放；

"叠"是将原料切成长方形的片，一片挨一片地叠放；

"堆"是将丝、末等散乱的原料堆成小高堆。

这些基本手法很容易上手。"码围排叠堆"做到了，可以算得上是个"冷菜"了，但那还不能叫"冷盘"。那么"冷盘"为啥比"冷菜"高出一个档次呢？

冷盘必须得象形——折扇面、五出梅、风车轮、冰菱花、一封书、一颗印、三叠水、盖刀面、马鞍桥、和尚头……能把冷菜摆出这些造型的，方可称得上是"冷盘"。

而比这些象形图案更高一个等级的，就是"看盘"了。

西瓜盅既是看盘又是盛器

所谓"看盘"，一般只会出现在高档宴席上，这种高档宴席上的"看盘"，它的主要目的不是为了吃，主要是为了看上去有气派、上档次。比如红楼宴，就得有"一品大观""荷塘月色""有凤来仪"这三大"看盘"。更高档的，还有"西瓜盅"。

所谓的西瓜盅，是用西瓜的皮，

西瓜盅须三层镂空

食雕西瓜盅 胡安水

雕刻成三层镂空的立体造型。西瓜盅不是一道菜,它往往只是一个盛器。像清汤燕菜、冰糖燕窝、原焖鱼翅这样的高档菜式,就得用西瓜盅这样的盛器来盛着,方显得出这道菜的地位尊崇。

西瓜盅的制作过程很难用语言描述,它最适合师徒心手相传,现场习摹。在直径20厘米左右的西瓜表面,厨师须进行全景和区域设计。瓜体上下及画面与画面之间采用纹环相连。纹有回字、波浪、祥云、如意诸纹;环则采用寿字环、内外凸环、窗格环、凉篷环、半圆环等图案。

雕瓜盅须手、眼、脑并用,腕、肘、指与刀浑然一体。或铲剔,或浮悬,或割离,或突空。务使浮雕丝丝相扣,环环相套。这对食雕技术是一项严峻考验。

总之,冷盘制作,是淮扬红案中的一个有点"另类"的存在。冷菜师傅不光要有一手好厨艺，他往往还得在艺术修养和人文修养上胜人一筹。但矛盾的是，餐饮业的现状中，冷菜师傅的地位往往是由冷菜的销售额来决定的，而冷菜本身只是宴席的配角。所以，真正的淮扬菜冷盘高手往往是有些"高冷"的。

淮扬菜中的"冷盘"或者"看盘"，如今差不多已经快成了"屠龙之技"。

好吧，我们毕竟只是来介绍传统淮扬菜的，且把牢骚放在一边。

总之，淮扬冷菜的第一要务就是"盘政修睦"。你只要大致懂得冷盘制作在淮扬菜中的角色，差不多就可以了。

下面，我们结合淮扬经典冷菜，来谈谈偶露峥嵘和酒饭两宜。

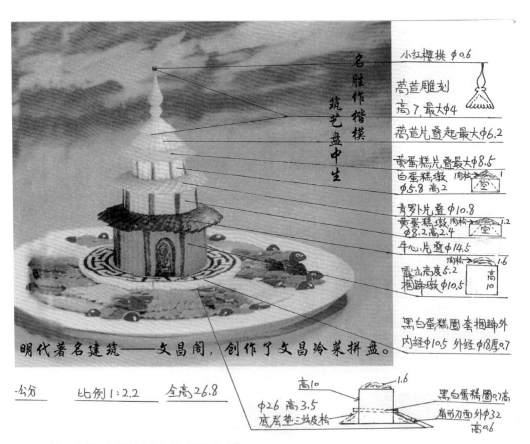

冷拼文昌阁工作图 薛泉生作品（王建明 摄）

水晶肴肉

肴肉虽是凉菜，但非同于一般熏腊之类。

其瘦肉色泽绯红，酥嫩易化，食不塞牙；

肥肉去脂，食之不腻；胶冻透明晶亮，柔韧不拗口，不肥不腻。

水晶肴肉只是一个统称，

细分下去，还有"眼镜肴""玉带钩肴""三角棱肴""添灯棒肴"

水晶肴肉是淮扬冷菜中知名度最高的一道。关于这道菜的来历，网上常常可以搜到这样一段典故——

相传三百多年前，镇江酒海街有一家夫妻酒店。一天店主买回四只猪蹄，准备过几天再食用，因天热怕变质，便用盐腌制。但他万万没有想到，妻子误把为父亲做鞭炮所买的一包硝当作了精盐。直到第二天妻子找硝准备做鞭炮时才发觉，连忙揭开腌缸一看，只见蹄子不但肉质未变，反而肉板结实，色泽红润，蹄皮呈白色。为了去除硝的味道，他一连用清水浸泡了多次，再经开水锅中焯水，用清水漂洗。接着入锅加葱姜、花椒、桂皮、茴香、清水焖煮。店主夫妇本想用高温煮熟解其毒味，没想到一个多钟头后锅中却散发出一股极为诱人的香味。

"八仙"之一的张果老恰巧路过此地，也被香味吸引止步。于是他变成一个白发老人来到小酒店门口敲门。店门一开，香味立刻飘到街上。众人前来询问，店主妻子一边捞出猪蹄，一边实话对大家说："这蹄髈错放了硝，不能当菜吃。"那位白发老人便说："我不当菜，就茶吃。"然后把四只猪蹄全部买下，并当即在店里就着茶吃了起来。由于滋味极佳，越吃越香，结果一连吃了三只半才罢休。等这老头一走，人们才知道他是张果老。店主和在场的人把剩下的半只蹄髈一尝，都觉得滋味异常鲜美。此后，该店就用此法制作"硝肉"，不久就远近闻名。后来店主考虑到"硝肉"二字不雅，方才改为"肴肉"。从此，"肴肉"一直名扬中外。

这段典故一看就是编出来的。真正的美食演化史，不可能像上述典故那样充满戏剧性，往往越是说得有鼻子有眼的故事，编造的痕迹就越重。因为如果真的有史料记载，那么记载下来的文字，一定是惜墨如金的。再说了，天下哪有这么多纯属巧合的便宜事？这些名菜哪一道不是经过反复的推敲与打磨。只不过，这些真正的美食文化史，不便于商业炒作罢了。所以，各位千万不要把上述典故当真。我们要讲的是真正的美食是怎么回事，而不是这种廉价的噱头。

要懂得水晶肴肉，先得从这道菜的菜名讲起。嗯，水晶肴肉的"肴"字，你怎么读呢？

按普通话来读，这个"肴"，当然念作 yáo。但是，如果你真的这么读了，那肯定会被认为是淮扬菜的外行。因为这个字写作"肴"，但它的读音得从扬镇方言，念作 xiáo。

这道菜最早称为"硝肉"，因为它最大的与众不同之处，是腌渍时要用到"硝"。不过，"硝"一般是来做炮仗的，人们觉得不雅，后来将"硝"改成了"餚"（"肴"的繁体）。

也就是说，人们还是认可用食用硝做成的硝肉的，只是"硝"这个字眼有点不吉利，所以避讳一下，只是在写下来的时候，改为"餚"，而这个字后来简化成了"肴"。但如果读成标准普通话的"yáo"，那就简直让人莫名其妙了。所以，这个字宜同"淆"这个字的发音方法一样，念作 xiáo。

食用硝是饮食添加剂中的一把双刃剑。用好了妙到毫巅，但用不好，则会让人吃出毛病来。

先来讲坏处，食用硝的主要成分为硝酸盐，这是一种化学物质，如过量摄入会对人体造成危害，主要会导致肠胃不适、头痛、乏力以及呼吸困难。所以国家标准中，对于食用硝的用量做了严格的规定。因为过量使用食用硝还有可能会致癌，所以关于食用硝的管控，曾经一度严格到所有的餐馆都不允许使用食用硝的地步。

但是，对于大型食品加工厂来说，由于产量规模较大且易于管控，所以生产肴肉的工厂，是可以使用食用硝的，只不过它需要一整套完备的管控制度。

如果不用食用硝，那么小批量的肴肉怎么做呢？用葡萄糖来作为食用硝的替代品。用葡萄糖替代食用硝制作出来的肴肉，从外观上看不出区别来，瘦肉的颜色依然是呈玫瑰红，但它的香味，那差的可就不是一点点了，那简直就是把这道菜的灵魂给生生抽走了。

所以，我们得讲一下食用硝的好处了。

食用硝是卤菜制作的一种辅料，它不仅可以使肉制品色泽红润美观，同时可以使卤制品更容易均匀地软烂下来。最重要的是它的味道，用食用硝腌渍过的肉制品，有一种幽雅浓郁的暗香。传统腌制品和卤制品中，火腿、腊肉、风鸡、盐水鹅、卤牛肉、猪头肉都会用到食用硝。

那么问题来了，今天大多数的食客，可能压根儿就没吃过使用传统手法（食用硝腌渍）制作出来的"水晶肴肉"。所以，对于这道菜的认知，往往就停留在"不难吃但也不好吃"这一步。那么，这道淮扬经典菜，就成了"徒有其名"的摆设了。

其实，早在食用硝被严格管控之前，不能过量使用食用硝，就已经成为一种行规，因为如果食用硝放多了会直接让人肠胃不适，哪个做生意的人敢拿食客的健康开玩笑呢？但以前没有一个具体可执行的管理办法，而后来食用硝的危害又被"健康专家"们放大了，于是监管部门干脆大刀一挥，直接不许用了，谁要是敢用食用硝，直接严厉处罚。

大型食品加工厂虽然可以用食用硝，但他们毕竟不是厨师，与笔者所见过的淮扬经典菜的做法相比，工厂里出来的"产品"，基本上是谈不上什么"淮扬风骨"的。

那么，我们暂且放下那个让人纠结不已的食用硝的"有色眼镜"来，纯粹从淮扬菜的美食角度来聊一下水晶肴肉这道经典淮扬菜本身。

镇江有三怪——"香醋摆不坏，肴肉不当菜，面锅里面煮锅盖"。这是说水晶肴肉这道菜镇江做得比较有名气。肴肉虽是凉菜，但非同于一般熏腊之类。其瘦肉色泽绯红，酥嫩易化，食不塞牙；肥肉去脂，食之不腻；胶冻透明晶亮，柔韧不拗口，不肥不腻。此菜爽口开胃，色雅味佳，颇振食欲。佐以姜丝和镇江香醋，更是饶有一番风味，这叫"搭姜蘸醋"。

同样是卤煮菜式，但淮扬菜却赋予了水晶肴肉一种独特的美感，而这种细腻典雅背后的烹饪技法,反映了淮扬冷菜制作的原则之一"偶露峥嵘"。因为冷菜制作也是需要小露一手厨艺手段的，只是它不宜过于显摆，风头不可盖过宴席桌上的大菜而已。

肴肉一般轻易不做，要做就是一大批，至少是十几二十只猪肘子起步。所以,即使在以前，水晶肴肉也不是随便哪家餐馆想做就能做的。

为什么呢？这就要从卤制品菜式的制作规律那里说起。

大凡卤制品，一般都离不开一个神秘的宝贝——老卤！老卤简单地说，就是卤制品反复循环使用的那锅卤汤。

为什么卤汤会越用越香呢？这个原理其实并不复杂。卤制品一般以荤料为主，动物蛋白一般是大分子，而蛋白质在受热时会分解为各种小分子的呈鲜氨基酸，这个分解的过程越是缓慢有序，蛋白质分解出来的氨基酸的种类就越多，这就是文火菜往往让人感觉到非常"鲜"的原因。而香辛料的味道本来并不是荤料固有的，它与氨基酸的结合也需要一个缓慢而有序的加热过程，这样它们才能慢慢地相互结合起来，形成"鲜香一体"的醇厚味感。从加热这个角度来讲，没有什么菜式比卤制品更加缓慢而有序的了。一锅料卤完之后，下一锅料接过这个接力棒，继续缓慢且有序地分解汤里的蛋白质，随着老卤循环使用的次数越来越多，卤汤的味道就越来越醇厚。

如今不懂行的人们往往热衷于吹嘘什么"百年老卤"，好像一锅卤汤年代越久就越值钱似的。其实卤汤看的是养护，如果养护得当，循环使用个十几次的卤汤，味道就已经很醇厚了，往后再循环使用，味道也不见得会更好。相反，如果任意一次养护不当，那么这锅老卤汤的效果可能还不如养护得当的相对"年轻"一点的卤汤呢。

老卤为啥重在养护呢？卤汤用得越久，腐败变质的风险越高。食物中的蛋白质、油脂等物质是最容易滋生微生物、腐败变质的，而这些物质又是卤水香醇的主要组成部分，所以越是醇厚的卤水，腐败变质的风险就越高，养护的难度也就越大。

所以，不管你平时做不做肴肉，这锅汤都是需要每天养护的。

老卤汤每天都要烧开，如果是夏天，还得烧开两次，须知微生物的滋生是老汤的第一大敌。而每次卤完肉以后，这锅汤还须撇净浮油，再过它一遍绢布细筛，滤去残渣。这是老卤汤养护的日常工作。

生水、灰尘、浮油、渣滓……这些统统不能进卤锅，但高温、洗锅残留的水渍、昨天没洗干净的手勺……这些小问题是防不胜防的。如果卤汤的味道有那么些许的不雅，这就意味着老卤汤出问题了，查不查得清楚问题到底出在哪个环节这时就不重要了，重要的是怎么处理这锅宝贝老卤汤。这时就得用新鲜的鸡鸭血来"臊汤"（请参见"清汤之道"一文）。

总之，有一口清亮醇厚的老卤汤，你才有做卤菜的资本，做肴肉当然也不例外。

把老卤汤的闲话谈完，接下来，我们才可以聊聊，水晶肴肉"钢铁是怎样炼成的"。

将每只洗净的猪蹄髈剔去腿骨，用竹签密密地扎上细孔，用硝水（一般 500 毫升水加 1 克食用硝配成）均匀地洒在肉面上。再用香料（一般是花椒，也有加八角桂皮的）和盐炒热后碾碎，把蹄髈均匀擦透，一只只地码放在大缸里排紧，夏天腌一天，冬天腌上三天，其间须至少翻缸一次。腌透后，将蹄髈在清水里泡两小时，一直漂到皮和肉都呈白色，如此方能漂净涩味。

腌渍是所有卤制品必不可少的一步。万万不可仗着有一口老卤汤，就生生地把生料直接放进去卤煮。因为老汤再好，也不能解决入味的根本问题。

卤煮肴肉的这口锅可不是一般的大，那一般是要同时放下好多只蹄髈的大锅。如果是大型食品加工厂呢，那口锅的外形就像圆锥形的火山那样，直接在平地上砌个大灶，工人要沿着一层层圆形的梯田那

蹄髈拆骨

用签子扎孔便于入味

蹄髈须用硝水和淮盐码透

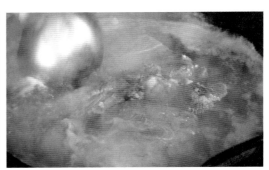
卤煮前最好先焯个水

样的台阶上去，把蹄髈扔进"火山口"形的大锅里去。那口超大的锅直径差不多有四五米，最少的分量是一次下 200 只蹄髈。

这就看出卤制品批量大的好处了。如果只做一两只，那么你的汤水量总是要没过卤料的，这样卤汤相对于料来说，就比较多了。但如果卤制的批量比较大，汤水虽然还是要没过主料，但总量相对而言就少了，这样卤汤的浓度就高，这和大锅做的红烧肉比较香是一个道理。

先在大锅里放好竹箅子垫底，然后将蹄髈皮朝上码放，一层码好再叠上一层，最上面一层皮朝下，注入老卤和清水没过蹄髈，注意，这里可不是全用老卤哦，每次卤肴肉时，都要"以老带新"地加入三分之一左右的清水，这样方可使老卤"青春常在"。

做肴肉的葱姜香料，可不是直接放入大锅中的，因为用量较大，而卤煮的时间又比较长，所以最好用一只布袋子装起来，这样煮好了可以直接捞出来，就不用担心葱烂在锅里了。而香料呢，一般是花椒、八角、桂皮，但用量万不可过大，以"暗香"为度。然后上面再加盖上一层竹箅子，用一只大平盆倒扣在竹箅子上，压紧蹄膀肉。如果制作的批量大了，压在上面的东西，可能要换一口装满了清水的小缸，这样蹄膀肉才能老老实实地被摁在汤水下面煮熟。

猪毛用明火燎去

香料用袋子盛好

水晶肴肉的境界，有一多半在于你把这一大堆蹄膀卤煮到什么程度。首先，瘦肉要酥烂，但同时要确保留有一定的"嚼头"。这取决于两点，其一是硝水是不是腌透了，如果硝水没腌透，那么外面的烂糟了，瘦肉一碰就碎得不成形了，中间的瘦肉可能才刚好酥烂；其次得看火候，这个火候一定要控制在似开非开的微沸状态，火头大了，同样煮不均匀，外面的一圈会煮得糟烂掉。

这一大锅的蹄膀每一只都均匀地达到瘦肉酥烂但留有"嚼头"，而肥肉软到入口即化的地步，这就需要翻锅，煮到一半时（约一个半小时），这时蹄膀熟了，但还没烂呢，用钩子将它们上下翻个个。这句话说来容易做来难，师傅会先把上面几层先推向锅边，然后将下面的一层挨个捞起来，也向锅边堆叠，最后把它们一起向中间推。确保每一只蹄膀皮朝上，这样皮就不会烂得碎掉。

最后就是码盘了，将温热的蹄膀捞出来后，皮朝下放入方形的平盆内。此时肥肉早已烂得不成形了，瘦肉也基本上酥烂到用手可以轻松

拆开。将瘦肉大致铺平，再压上另一只空平盆，再往上一层的空盆内摆放。这样叠加着一层层码起来，肉就差不多被压平了。等它稍微冷下来，这就别再压了，将摆起来的平盆挨个取下，将原汤逐一浇在每个平盆内，这些煮肉的原汤会无孔不入地钻进瘦肉的缝隙中去，而最上面的汤汁会自动找平，这样一冷下来，汤汁就成了冻子，这就是"水晶"。

　　我前面说过，食品加工厂虽然可以用硝，但他们做的往往是"产品"，而以前大型餐馆里做的，才算是"作品"，那么对于水晶肴肉这道菜来说，"产品"与"作品"的区别在哪里呢？

　　上面提到的老卤、腌渍、卤煮，这些步骤食品加工厂的师傅也都是很有经验的，他们做的应该不会差太多，但最后码盘这一步，区别就来了。

　　以前淮扬菜老师傅在拆肉码盘时，不是没心没肺地把熟蹄髈往平盆内一摆，再往上面接着压另一只平盆。他取下每一只蹄膀来时，是先用几只大碗分档取料的。前蹄上的部分老爪肉，切成片形，状如眼镜，其筋纤柔软，味美鲜香，叫"眼镜肉"；前蹄旁边的肉，弯如玉带形，叫"玉带钩"；前蹄上的老爪肉，肥瘦兼有，清香柔嫩，叫"三角棱"；后蹄上的一块连同一根细骨的净瘦肉，叫做"添灯棒"，这些不同的部位是需要分开的。

一只蹄膀拆完了这些比较好的肉后，基本上就碎得不成形了。把带碎肉的皮先铺在平盆下面，然后取过"眼镜肉"来，把它整齐地摆放在上面，再浇上原汤，那么这一盆冻起来以后就是"眼镜肴"，同样，另外的几盆可能分别是"玉带钩肴""三角棱肴""添灯棒肴"。

水晶肴肉在味感上都是一样的，但"产品"与"作品"的差别就在观感和口感上，如果一只蹄膀的肉"眉毛胡子一把抓"地不分彼此，那它虽然也还叫作水晶肴肉，但它就是一个没有灵魂的"产品"。而如果把蹄膀的瘦肉分拆成"眼镜肉""玉带钩""三角棱""添灯棒"，这才反映出了淮扬菜的审美观和价值观。

这就如同我们对于美女的评判一样，所谓美女不是按整容标准批量生产出来的，她还得要有内在的修养和个性，乃至会棋琴书画，这样才是活脱脱的一个鲜活生命。

酥燨鲫鱼

这是周恩来最为钟情的一道淮扬菜，多次出现在重大国宴上。

如果完全不去除鱼中的鱼骨细刺，

但这些鱼骨细刺经过有效的处理后，可以轻松地嚼掉，

不也同样可以做到"化平凡为不凡"吗?

1949 年 10 月 1 日，中华人民共和国中央人民政府在北京饭店举行盛大宴会，这次宴会，后来被称为"开国第一宴"。新中国的开国领袖、中共中央负责人、中国人民解放军高级将领、各民主党派和无党派人士、社会各界知名人士、国民党军起义将领、少数民族代表以及工人、农民、解放军代表共 600 多人参加了这次宴会。

宴会由当时的政务院典礼局局长余心清统领操办。余心清是新中国留用的礼宾专家，他对北京饮食业了如指掌，哪家饭馆是什么风味，有哪些招牌菜，有哪几位名厨，他都能娓娓道来。但是，面对博大精深的中华饮食文化，该从哪里入手操办"开国第一宴"呢？

经过反复研究后决定，宴会的总体风格以淮扬菜为主，因为淮扬菜口味适中，菜肴面点种类齐全，不管是哪里的人都易于接受。

下一个难题是具体的菜单设计。当时的北京城刚刚和平解放不久，而此前的北京城一直处于围困之中，可供应的食材毕竟有限。要知道国宴菜单上开列的菜式，是带有礼宾要求的，这些菜式必须上得了台盘，而此时要想为六百多人开办一场大型国宴，就必须以那会儿北京城里能找得到的食材为依据，来进行反向设计。

"酥煿鲫鱼"是在这样的背景下被选入"开国第一宴"的菜单的。

此后的三年自然灾害，很多人连饭都吃不饱，国宴上的菜式也就更难设计，"酥煿鲫鱼"曾一度成了国宴上的常备菜式。北京饭店的淮扬菜厨师前辈李魁南说："此菜是周恩来总理生前最爱吃的菜品之一，经常作为冷盘出现在重大宴会上。"

酥煿鲫鱼，这是一道看上去毫不起眼的小菜。从外观上来看，它几乎就是一道家常的下饭小菜，似乎不那么像以精细著称的淮扬菜，甚至在摆盘造型上，也没有什么"和尚头""风车轮""一颗印""三叠水"之类的花头经。

但这道看上去极为普通的凉菜，从菜肴设计到工艺步骤，处处匠心、了无匠气、平中出奇、暗含机巧。要不然这道菜凭啥能被列入国

宴菜单呢？

　　酥熻鲫鱼所选用的鲫鱼，不是常用的大鲫鱼，而是一两左右的小鲫鱼，这种小鲫鱼在过去是极为平凡的，很多老百姓甚至拿这种小鲫鱼来喂猫，所以，扬州当地也称之为"小毛鱼"。

　　这种食材看起来真的是毫不起眼，但有多少人仔细研究过这种"小毛鱼"的优缺点呢？

　　淮扬菜以"处处匠心、了无匠气"在业内享有盛誉，而这种"精妙微纤"，在外观上，常常以刀面优雅、盘政修睦的菜肴造型表现出来；在骨子里，淮扬经典菜往往暗含了拆骨工、缔子工和清汤工这些特色技法。

　　"平中出奇"不是一句空话，它的主要看点，是如何从菜肴设计的思维上去化解"平"与"奇"这一对矛盾。

　　我们拿常见的淡水鱼为例来说明如何看待"平中出奇"——对于大型的鱼来说，只有主骨没有细刺的鳜鱼，可以用"整鱼出骨"的技法做成八宝鳜鱼；如果再大型一些的花鲢鱼头，可以做成拆烩鲢鱼头；对付那些细刺极多的刀鱼呢，可以用摸刺法去净其中的细刺。但这些思路的共同点，就是把令人不爽的鱼刺，在预处理的时候就将之去除。

那么反过来思考一下，如果完全不去除鱼中的鱼骨细刺，但这些鱼骨细刺经过有效的处理后，可以轻松地嚼掉，不也同样可以做到"化平凡为不凡"吗？

这就是"酥燸"这种菜肴设计思路最早的思维火花。

那就得找到这样的一种淡水鱼——它的鱼骨细刺本来就不够硬，而且经过油炸和回酥之后，要能做到可以令食客产生一种愉悦的咀嚼快感。

——"小毛鱼"的价值于是一下子就从"垃圾股"变成了"潜力股"了。

读懂了酥燸鲫鱼的设计思路，接下来的解决办法也就清晰了起来。

先来看取料。

酥燸鲫鱼所选用的鲫鱼，总体的要求是鱼骨（主要是最硬的鱼头骨和主骨）要能够炸得"酥"，这是首要条件。那么符合这一条件的小鲫鱼，重量不能超过 100 克。过了这个量，鱼头部位就很难炸到"酥"的地步了。

其次就是鲫鱼也不宜过小，因为小鲫鱼经过油炸后，还要再烧到"回酥"的，鱼太小了肉头就会过薄，鱼身子吃起来会太干。

所以小鲫鱼的最佳选料范围在 500 克七八条左右。

再来看"酥燸"的烹饪工艺。

"酥燸"的要求是这样的："酥"就是口感酥松利落，"燸"就是味感入骨三分。要想到这种境界，还是有不少细节功夫需要掰开揉碎了讲。

首先就是小鲫鱼的刀工处理，菜谱上往往写着——

"将鲫鱼去鳞腮，用刀从脊背剖开，去肠脏，洗净沥干。"

这句话其实没有讲透。"用刀从脊背剖开"，这句话原则上是对的。因为如果像卖鱼的鱼贩那样处理，也就是从鱼肚子那里进刀剖开取出肠脏，那小鱼一进高温油锅，就剧烈失水，两边向外翻卷变形了，炸出来以后往往就歪七扭八的，不像一条鱼了。

但这句话也没说全，从脊背剖开到什么程度呢？其实不能把它完全剖开，鱼脊骨如果完全剖断开了，油炸后鱼肉仍然有可能向外翻起。

实操时，是用刀尖从脊背最厚处进刀，割开部分脊骨，便于取出肠脏就可以了。前面连着鱼头的部位最好不要割断，这一处要是割断了，鱼肉就没有约束牵绊了，下了油锅后，鱼肉容易向外翻卷，所以刀口的两端最好都要留一点牵绊。

这一刀的目的仅仅在于开一个口子，一是便于取出肠脏，二是便于热油进去，中间那根最硬的主骨才便于炸酥。但刀工处理时，也要把鱼体不能走形这个因素考虑进去。这个道理弄懂了，下手就有分寸了。

接下来是油炸，油炸看起来好像都差不多，但实际上，熟炸、脆炸和酥炸，对于油温的控制要求是不一样的。熟炸的主要目的是生料致熟，比如炸鸡翅；脆炸的主要目的是把表皮炸脆，但里面一般要求不能失水过多，一般分两次炸，中油温先定型炸，然后高油温炸脆表皮；酥炸的目的是致酥，也就是将生料内外都完全炸透，它需要将原料炸至脱水浮起。这里的主要问题在于油温的控制，因为酥炸要求炸的时间相对较长，油温控制不好，容易炸焦了，所以炸鱼的时候，最好以漏勺随时伺候着，看着快炸焦时，及时捞出来抖几下降温，再下油锅。总之，要炸到"酥而不焦，干而不枯"的地步。

再接下来是"熻"，所谓"熻"，实际上与"烧"差不多，只是最后要收稠汤汁，使卤汁紧包鱼体，这就叫做"熻"。要是汤汁收不紧，那就是"烧"了，这个不难理解。

但"爌"这一步的主要看点是看调味。

一般用"爌"这种烹饪工艺的，都是浓口菜，浓口菜并不意味着多放调味品，它的重点是要看调味品如何最终与主料共同汇聚成一种味觉上的浓郁而鲜明的特色，"浓郁"不难，难就难在"鲜明"上。

酥爌鲫鱼的烧制有很多种手法，很难说哪一种是"最正宗"的，本文所讲述的，是笔者按味觉特色"浓郁且鲜明"这个软标准来取的。算作是"一家之言"吧。

酥爌鲫鱼是一道冷菜，而冷菜的制作一般是批量比较大的。

取大号砂锅一口，锅底先铺好竹箅子，再铺上一层小香葱，然后下鲫鱼排好。

因为鲫鱼都是鱼头粗鱼尾细，所以怎样有序排放也是有讲究的。每条鲫鱼鱼背朝上、鱼头向外、鱼尾在内，这样一条紧挨着一条，就可以排成一个圈。注意，这一圈最好要排紧实了，因为爌的时间是比较长的，如果排不紧，散乱开来，有些鱼最后可能还没出锅就碎了。

排好了一圈，空隙部位放上几片

以刀尖从鱼脊处进刀

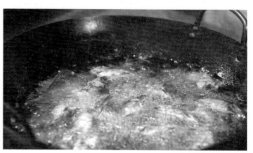
鲫鱼酥透至浮起

酥而不焦，干而不枯

砂锅底部铺上香葱

姜片，再铺一层小香葱，然后再铺第二层……一般来说，酥熠鲫鱼一次最好摆两层，特大号的砂锅可以摆三层。

排好鲫鱼，照例要放酱油、黄酒、白糖、米醋，这是底味料。

关键来了——酱油适量即可。但是白糖、米醋和黄酒的比例很关键，这是底味中的特色。它不同于浓墨重彩的糖醋味，糖醋味是重糖重醋，如果单独看糖和醋的用量，你可能会觉得过酸或过甜了，但糖和醋会自动地互相找平衡，最后它们两者会复合成一种浓郁的糖醋味。但这里不一样，这里的主料是小鲫鱼而不是排骨。调味时糖的比例按"吊鲜"的量来放即可。但米醋与黄酒却要重得多。因为在长时间的文火加热条件下，酒和醋都会挥发掉不少，要想形成特色鲜明的底味，醋和酒的量也要"胆大"一些。最极端的一种做法是，最后完全不放清水，只用米醋和黄酒来作为主要的汤水料，这是个有点吓人的用量，但愚以为这种"剑走偏锋"可视为"艺高胆大"。菜谱上写下来的，往往要"中庸"得多，须知菜谱写作的原则往往是相对保险的"不犯错"。

只不过需要强调一下，这里的米醋和黄酒，不需要用上好的陈酿佳品，因为它们都属于"耗材"，都是来"跑龙套"的。如果用陈年香醋和陈年花雕，那么它们可谁都不是白给的，味觉性格都"犟"得很。这就像太大的明星不宜跑龙套一样，他就算只是往那一站，也会"抢戏"的。所以低档的米醋和普通的料酒，反而会更加死心塌地地"跑龙套"。

底味下足了以后，就是特色调味料了。这里主要有两样，扬州酱菜里的酱生姜和酱黄瓜。

很多人可能不明就里，这道菜为啥不放酱，而是放酱菜呢？黄酱、面酱、豆瓣酱，那样的组合，酱香味难道不是更浓郁吗？

这就要再次回过头来谈一谈"菜理"了——

淮扬菜是文人菜。搭配有搭配的门道，调味有调味的讲究。

文人菜虽然不都是清淡的，但浓口的菜式也不是味越重就越好，那种简单粗暴的思维方式，显然不是文人的风格。子曰："质胜文则野，文胜质则史"，既不能粗野，又不可浮华，味觉特色也要讲究一个"文质彬彬"，那才会有绕梁三日的回味感。

淮扬菜的调味，首重在于味觉色彩是否和谐。就像一个合唱团，最重要的不是一堆嗓子好的人凑一块，而是这些团员们能否唱出和谐的声部来；其次，在味觉色彩和谐的前提下，淮扬菜的调味还要强调能否形成独特的味觉个性。缺乏鲜明个性的味觉色彩，终究还是不够引人注目的。

酱生姜和乳黄瓜是味道的灵魂

糖醋和黄酒用量偏重

谈完这些有点"玄虚"的菜理，再回过头来看酥燰鲫鱼的味觉特色，一切就清晰起来了，淮扬菜需要的味觉色彩是一种恰到好处的淡妆，而不是不管青红皂白的油彩妆。用酱菜，酱香的风味感有了，但酱生姜不同于鲜生姜，那种辛辣是带有一种老于世故的沧桑感的，而酱黄瓜则会有一种鲜甜脆嫩的娇媚感，它会在一堆辅料

汤汁不必过多，沸腾起来能煮透上层即可

中更为出彩。有了酱生姜和酱黄瓜，这道菜才算有了味觉上的灵魂。

当然，别忘了最后重重地淋上一圈麻油，这是味道上的美妙花边。

接下来文火慢炖，慢慢做通这些调味料们的思想工作，这些味道上的朋友们才会最终柔腻为一。

酥燰鲫鱼的最后一个重点，是食客如何去品尝。

这道菜上桌后，鲫鱼条形完整如初。不建议你用筷子去剔鱼肉，因为那宝贝太酥了，一下筷子就容易碎。建议你用筷子配合着调羹将小鲫鱼整条地盛到你面前的骨碟里。我们以前说过，狮子头既要柔嫩

燠好的鲫鱼体形完好

圆整，又要不散不碎。酥燠鲫鱼的质地与此类同。美食的美，很多时候就表现在那种分寸和尺度的把控上。

　　下面该说吃了，这条小鲫鱼该如何下口呢？很多人像吃红烧鲫鱼那样，用筷子剔鱼肉来吃，有的人还会把小鲫鱼上的小刺一点点地剔除掉。

　　错啦！酥燠鲫鱼要嚼着吃，而且要先从鱼头那儿吃起。

　　小鲫鱼的鱼头几乎没肉，酥不酥，首先要看鱼头，入不入味，也要先看鱼头。鱼头要是嚼不动，或者嚼起来费劲，那这道菜就得退货了。

　　上好的凉菜是要酒饭两相宜的。下酒菜要啰啰唆唆，下饭菜要痛快淋漓。而酥燠鲫鱼既可以细嚼慢咽，也可以大快朵颐。

　　以上这些，就是酥燠鲫鱼这道淮扬经典菜可以登上国宴大雅之堂的理由和原因。

摄影 周泽华

笔者在B站（bilibili 网站）上有一片小天地——"周彤美食工坊"。每当我发布一段讲解淮扬经典菜的视频后，总会有不少粉丝留言问道："上哪儿才能吃到你所讲的那种淮扬菜呢？"

请相信，对于这个问题，笔者比大家都更加关切！

要知道，我可是多次领略过淮扬菜的这种"大美"的，但同时我也知道，我所见识过的这种"大美"，是绝大多数人所没有体验过的。所以，我又怎能抑制得住这种"赶紧分享出去"的冲动呢？

然而理想是丰满的，现实却是骨感的。2020 年至2022 年期间，我在扬州举办过多场"边听、边看、边吃"的淮扬美食品鉴会，名曰"淮扬美食书场"。虽然每次品鉴会都好评如潮，但是这类活动在扬州却很难推广开来。

因为，真正的淮扬菜，本质上不是"产品"，它是"作品"！

"产品"的特征是，利润最大化，批量最大化，用工最少化。它走的是"你能卖多少你就能赚多少"的"线性化"路子。而"作品"的特征是，工艺最优化，质量最佳化，价值最大化。它走的是"你认为它值多少它就值多少"的"非线性化"路子。

"产品"是工业文明的产物，工业化的背后是标准化，因为所有的"产品"，其背后的最大推动力是"以物为本"的"追求效率"。相反"作品"是农耕文明的产物，农耕文明讲究的是精耕细作，因人而异。其背后的最大价值观，是"以人为本"的"追求完美"。

这正是为何各大城市的美食城越开越多，而真正的美食却往往都是"千篇一律"、"似曾相识"的根本原因。

以文思豆腐为例，这道菜的灵魂不仅在于切豆腐的刀工，更重要的是那一口清汤。如果把这道菜作为"产品"来经营，那么，豆腐丝很可能是用模具套出来的，汤则很可能是用各种鲜味粉料冲出来的；而如果把这道菜作为"作品"来经营呢？那么豆腐丝应该当你的面来切，你才会近距离感受到淮扬刀工的魅力，而汤应该是按"上汤"的标准（参见上文"清汤之道"）做成的"三膘清汤"，使顾客品尝后，能享受到有回甘生津的美妙体验感。

那么，如果你就是那个餐馆的老板，请问你会采用哪种方法来经营呢？

我们都知道，旅游六要素分别是"吃住行娱游购"。这六项要素中，"游"是相对比较好挖的露天矿藏，只要舍得花钱堆景观就行，而且景观旅游的管理也基本上谈不上什么难度。所以全国各地的旅游，开发的重点主要是把历史名胜打扮得更漂亮一些，这就差不多够了。至于"吃"这个旅游第一要素呢却常常被忽视或放任自流。

以成都为例，这座著名的旅游城市，其提供的"川菜"几乎全部是眉毛胡子一把抓的麻辣味，而原来以"百菜百味，一菜一格"著称的细腻无比、变化多端的川菜味型，估计现在都没几个人听说过，更别说吃过了。

但如果有人告诉你，有一种川菜美食体验：能够让你领略到"辣"这种味觉，以及其在川菜里细分为红油、煳辣、酸辣、椒麻、荔枝、鱼香、陈皮等二十多种细腻的变化，难道真的没有人想去体验一下，这种味道上的"喷火"、"变脸"吗？我还真的不信。只不过现在没有像深圳民族文化村这样的美食文化村罢了。

"吃"本是排在旅游六要素首位的，但美食文化的这个巨大矿藏，是埋藏在深处的，目前基本上还处于封存状态。而文旅行业的深度开发，需要进行一次全产业链的换代升级。因为——

在美食文化这条路上，我们可能真的迷失方向了！

如果一个上海人没尝过地道的浓油赤酱，一个成都人不知道细腻的百菜百味，一个扬州人理所当然地把肉丸子当做狮子头……那么，你让他们如何记住乡愁呢？当烧烤、撸串、火锅、麻辣烫格式化了所有的美食城，你让他们还怎样保持对家乡的热爱？

当然，我坚信，总有一天，"文化自信"会成为每个中国人的"刚需"。因为终有一天，我们会意识到，那些被工业化潮流抛弃掉的"古早味"，才是我们每个人幸福感和自信感的源泉。

不过，要让社会大众普遍接受我们的传统饮食审美观，可能还需要一个漫长的过程。而如果这个过程太过于漫长的话，很可能连最后一个守望这种"古早味"的人都不在了。

因此，我只能把我见识过的淮扬菜尽可能详细地写下来，尽管那一套现在看起来像是无用的"屠龙之技"。但有一天，当我们真的需要找回这种味道的时候，后辈们的手里，至少还有一本书，可以为他们回家，指一条路。

是为跋。

周彤

2024 年 8 月